高等职业教育建设工程管理专业教学基本要求

全国住房和城乡建设职业教育教学指导委员会
工程管理类专业指导委员会 编制

中国建筑工业出版社

图书在版编目(CIP)数据

高等职业教育建设工程管理专业教学基本要求/全国住房
和城乡建设职业教育教学指导委员会工程管理类专业指导
委员会编制. —北京：中国建筑工业出版社，2019.8
ISBN 978-7-112-23894-1

Ⅰ. ①高… Ⅱ. ①全… Ⅲ. ①建筑工程-工程管理-高
等职业教育-教学参考资料 Ⅳ. ①TU

中国版本图书馆 CIP 数据核字（2019）第 129158 号

责任编辑：张 晶 吴越恺
责任校对：焦 乐

高等职业教育建设工程管理专业教学基本要求

全国住房和城乡建设职业教育教学指导委员会
工程管理类专业指导委员会 编制

*

中国建筑工业出版社出版、发行(北京海淀三里河路9号)

各地新华书店、建筑书店经销

北京红光制版公司制版

北京市密东印刷有限公司印刷

*

开本：787×1092毫米 1/16 印张：7¼ 字数：154千字

2019年11月第一版 2019年11月第一次印刷

定价：17.00元

ISBN 978-7-112-23894-1

(34205)

工程管理类专业教学基本要求审定委员会名单

主　任：胡兴福

副主任：黄志良　贺海宏　银　花　郭　鸿

秘　书：袁建新

委　员：（按姓氏笔画排序）

王　斌　　王立霞　　文桂萍　　田恒久　　华　均

刘小庆　　齐景华　　孙　刚　　吴耀伟　　何隆权

陈安生　　陈俊峰　　郑惠虹　　胡六星　　侯洪涛

夏清东　　郭起剑　　黄春蕾　　程　媛

出 版 说 明

针对土建类高等职业教育规模迅猛发展，但各院校的土建类专业发展极不平衡，办学条件和办学质量参差不齐，部分院校的人才培养质量难以让行业企业满意的实际，原高职高专教育土建类专业教学指导委员会（以下简称土建教指委）于2010年启动了新一轮专业教育标准的研制，名称定为"专业教学基本要求"。在住房和城乡建设部的领导下，在土建教指委的统一组织和指导下，由各分指导委员会具体组织全国不同区域的相关高等职业院校专业带头人和骨干教师分批进行专业教学基本要求的开发。2012年底，完成了第一批11个专业教学基本要求的研制工作，到2014年，共完成17个专业教学基本要求的研制，由中国建筑工业出版社面向全国出版发行。这批专业教育标准的出版，对于规范土建类专业教学行为、促进专业建设和改革发挥了重要作用。

近年来，特别是党的十九大以来，新型城镇化同新型工业化、信息化、农业现代化一起成为国家战略，住房城乡建设领域面临空前的发展机遇与挑战，土建类高职教育也出现了许多新变化：一是新技术、新工艺、新材料、新设备不断涌现；二是各院校在专业教学改革上形成了许多新的成果；三是《普通高等学校高等职业教育（专科）专业目录（2015版）》的颁布实施，土建类专业由原来的27个增加到32个。这些变化都对土建类技术技能人才的培养提出了新期盼和新要求，原来研制的专业教学基本要求已不能完全适应新的形势。有鉴于此，2015年，全国住房和城乡建设职业教育教学指导委员会（以下简称住房城乡建设行指委）组织开展了第二轮教学基本要求的制（修）订工作。到2017年，第一批6个专业教学基本要求已完成制（修）订。

本轮专业教学基本要求集中体现了住房城乡建设行指委对教育标准的改革思想，保持了第一轮专业教学基本要求的特点，同时增加了《顶岗实习标准》和专业方向。

受住房城乡建设行指委委托，中国建筑工业出版社负责本轮土建类各专业教学基本要求的出版发行。

各个时期对土建类技术技能人才的期盼和要求不同，各院校也在不断积累教育教学经验，专业建设永远在路上。希望各院校在使用过程中注意收集意见和建议，并及时向住房城乡建设行指委反馈。

土建类各专业教学基本要求是住房城乡建设行指委委员和参与这项工作的教师集体智慧的结晶，谨此表示衷心感谢。

全国住房和城乡建设职业教育教学指导委员会

前　言

《高等职业教育建设工程管理专业教学基本要求》是根据教育部与住房和城乡建设部的有关要求，在全国住房和城乡建设职业教育教学指导委员会领导下，由工程管理类专业指导委员组织编写。

本教学基本要求编制过程中，对职业岗位、专业人才培养目标与规格、专业知识体系与专业技能体系等开展了广泛调查研究，认真总结实践经验，经过广泛征求意见和多次修订而定稿。本要求是高等职业教育建设工程管理专业建设的指导性文件。

本教学基本要求主要内容是：专业名称及方向、专业代码、招生对象、学制与学历、就业面向、培养目标与规格、职业证书、教育内容及标准、专业办学基本条件和教学建议、继续学习深造建议；包括建设工程管理专业教学基本要求实施示例、高等职业教育建设工程管理专业校内实训及校内实训基地建设导则、高等职业教育建设工程管理专业顶岗实习标准三个附录。

本教学基本要求主要适用于以普通高中毕业生为招生对象、三年学制的建设工程管理专业，教育内容包括知识体系和技能体系，倡导各学校根据自身条件和特色构建校本化的课程体系，课程体系应覆盖知识/技能体系的知识/技能单元，尤其是核心知识/技能单元，倡导工学结合、理实一体的课程模式。

主编单位：广西建设职业技术学院、四川建筑职业技术学院

参编单位：山西建筑职业技术学院、黑龙江建筑职业技术学院

主要起草人员：蒋孙春　钱　磊　侯　兰　王丽椿　程沙沙　周慧玲　李向民
　　　　　　　周孔标　刘　颖　赵培莉　卢永松　谢　华　陈玲燕　曾秋宁
　　　　　　　覃　芳　代端明　陈晓桐　方　鹏　赵治超

主要审查人员：胡兴福　文桂萍　贺海宏　郭　鸿　黄志良　银　花　袁建新
　　　　　　　王　斌　王立霞　田恒久　华　均　刘小庆　齐景华　孙　刚
　　　　　　　吴耀伟　何隆权　陈安生　陈俊峰　郑惠虹　胡六星　侯洪涛
　　　　　　　夏清东　郭起剑　黄春蕾　程　媛

专业指导委员会衷心地希望，全国各有关高职院校能够在本教学基本要求的原则性指导下，进行积极地探索和深入地研究，为不断完善建设工程管理专业的建设与发展做出自己的贡献。

全国住房和城乡建设职业教育教学指导委员会
工程管理类专业指导委员会

目　　录

高等职业教育建设工程管理专业教学基本要求

1 专业名称及方向

专业名称：建设工程管理
专业方向（1）：建筑工程管理
专业方向（2）：市政工程管理

2 专业代码

540501

3 招生对象

普通高中毕业生

4 学制与学历

三年制，专科

5 就业面向

5.1 就业职业领域

建筑业企业、工程管理咨询企业、建设单位、建设行政主管部门等建筑业企事业单位。

5.2 初始就业岗位群

主要岗位项目管理员（中小型项目经理助理），相近就业岗位群有：资料员、施工员、预算员、合同管理员、招（投）标员等。

5.3 发展或晋升岗位群

本专业毕业生可以在毕业后通过监理培训和考试合格取得监理员上岗证，从事建设工程施工监理工作；毕业及工作一定年限后可以通过国家二级建造师考试获得二级建造师执业资格，通过注册从事相关建造师工作；本专业毕业生也可以经过将来更长时间的工程实践和努力获取一级建造师、造价工程师和监理工程师等更高层次的执业资格。

6 培养目标与规格

6.1 培养目标

本专业培养理想信念坚定、德技并修、全面发展，具有一定的科学文化水平，良好的职业道德、工匠精神和创新精神，具有较强的就业能力、一定的创业能力和支撑终身发展的能力；掌握建设工程施工技术、工程经济、工程项目管理等专业知识和技术技能，面向建筑业与工程技术咨询服务行业，能够从事施工管理、工程项目招（投）标管理、资料管理和商务管理等工作的高素质技术技能人才。

6.2 人才培养规格

6.2.1 专业平台培养规格

1. 基本素质

（1）思想素质

拥护中国共产党的领导和基本路线，以毛泽东思想、邓小平理论、"三个代表"重要思想为指导思想。具有科学的世界观、人生观、价值观，良好的职业道德。

（2）身体素质

具有健康的体魄，能够适应工作岗位的体能要求；具有良好的心理素质和乐观向上的人生态度。

（3）文化素质

具有必要的人文社会科学知识、必要的科学文化基本知识、良好的语言表达能力和沟通能力；具有一定的外语表达能力、熟练的计算机应用能力和必要的法律知识应用能力，有一定的创新精神和创业能力。

（4）专业素质

具备扎实的建设工程识图能力，能利用建设施工技术和管理方面的专业知识指导现场施工管理工作，能利用工程合同文件进行合同管理、索赔管理。

2. 知识要求

（1）文化基础知识与能力

文化知识：掌握建设工程应用文写作知识；掌握计算机办公软件；熟悉一门外国语。

文化能力：能撰写建设工程方面的日常应用文；能熟练地利用办公软件对文字进行编辑和处理；会借助字典查阅本专业外文资料。

（2）专业知识与能力

1）建设工程施工管理专业知识与能力

专业知识：经过本专业课程的系统学习，掌握建设工程项目的质量管理、进度管理、成本管理、安全管理等相关施工管理基本知识；熟悉建设工程施工管理的基本原理。

专业能力：能编制小型建设工程项目的施工方案，能按照施工技术方案和设计图纸合理配置劳动要素和安排现场施工工作。具备建设工程项目管理岗位所要求的施工管理能力、专业技术能力。

2）工程招投标与合同管理方面专业知识与能力

专业知识：掌握工程招投标与合同管理方面的专业知识；熟悉工程招投标及合同等相关法律法规。

专业能力：能够利用招标投标方面的规范文本编制招标文件或投标文件，能够应用合同管理方面的专业知识对合同文件进行分析和管理。

3. 职业态度

具有良好的职业道德和诚信品质、较强的团队协作精神和实干创新精神，能吃苦耐劳、勤奋好学。善于沟通，廉洁自律，保守技术和商业秘密。

6.2.2 建筑工程管理专业方向培养规格

建筑工程管理专业方向除具备专业平台的基本素质、知识要求、能力要求、职业态度要求外，还应具备以下专业知识与能力：

1）建筑施工技术专业知识与能力

专业知识：掌握多层和高层建筑工程各分部分项工程的施工工艺流程和施工技术；熟悉常用建筑与装饰工程材料的物理和力学性能、质量标准、检验方法、储备保管、适用范围等方面的知识。

专业能力：能熟练地识读建筑施工图、结构施工图和有关图集；能熟练地对建筑工程的各种构件进行测量放线，能进行混凝土施工配合比换算和钢筋下料；能熟练使用相关技术规程、验收规范，指导或检查现场施工工作。

2）建筑与装饰工程计量与计价专业知识与能力

专业知识：掌握建筑工程定额的原理和应用方法；掌握建筑工程预算和结算的编制程序和方法；掌握建筑工程工程量清单的理论和方法；熟悉建筑工程算量软件的应用方法；熟悉工程造价控制的基本方法。

专业能力：能熟练使用预算定额，编制建筑工程预算；能熟练应用工程量清单计价规范和企业定额编制工程量清单报价；熟悉建筑工程算量软件的应用，会用计算机编制施工图预算、进行工程量清单报价。

6.2.3 市政工程管理专业方向培养规格

市政工程管理专业方向除具备专业平台的基本素质、知识要求、能力要求、职业态度要求外，还应具备以下专业知识与能力：

1）市政工程施工技术专业知识

专业知识：掌握市政工程各分部分项工程的施工工艺流程和施工技术；熟悉常用市政工程材料的物理和力学性能、质量标准、检验方法、储备保管、适用范围等方面的知识。

专业能力：能熟练地识读市政道路施工图、管网施工图、桥涵施工图和有关图集；能熟练地对市政工程进行测量放线，能进行混凝土施工配合比换算和钢筋下料；能熟练使用相关技术规程、验收规范，指导或检查现场施工工作。

2）市政工程计量与计价专业知识

专业知识：掌握市政工程定额的原理和应用方法；掌握市政工程预算和结算的编制程序和方法；掌握市政工程工程量清单的理论和方法；熟悉市政工程算量软件的应用方法。

专业能力：能熟练使用预算定额，编制市政工程预算；能熟练应用工程量清单计价规范和企业定额编制工程量清单报价；熟悉市政工程算量软件的应用，会用计算机编制施工图预算、进行工程量清单报价。

7 职业证书

本专业毕业生可通过相关岗位考试获得资料员、施工员、预算员等住房和城乡建设领域施工现场专业人员上岗证书。

8 教育内容及标准

8.1 专业教育内容体系框架

8.1.1 建筑工程管理专业方向教育内容体系框架

建筑工程管理专业方向教育内容体系框架 表 1

序号	职业岗位	职业核心能力	专业教育内容体系			拓展教育内容
			普通教育内容	专业教育内容		
				专业基础理论	专业实践训练	
1	项目管理员	建筑施工管理技能	1. 思想道德修养与法律基础 2. 毛泽东思想与中国特色社会主义理论体系 3. 形势与政策 4. 国防教育与军事训练 5. 英语 6. 体育 7. 高等数学 8. 计算机信息技术	1. 建筑施工管理知识领域 2. 建筑施工技术知识领域 3. 建筑工程施工质量验收与资料管理知识领域 4. 建筑与装饰工程计量与计价及软件应用知识领域 5. 工程招投标与合同管理知识领域	建筑工程施工方案编制实训	1. 工程经济 2. 建设工程法规及相关知识 3. 建筑企业财务管理 4. BIM技术在建筑施工管理中的应用
2	资料员	建筑工程资料管理技能		1. 建筑施工技术知识领域 2. 建筑工程施工质量验收与资料管理知识领域	建筑工程资料编制实训	
3	施工员	建筑施工技能		1. 建筑施工技术知识领域 2. 建筑工程施工质量验收与资料管理知识领域	1. 建筑施工图识读与抄绘实训 2. 混凝土结构施工图识读与大样绘制实训 3. 钢筋下料及混凝土配料实训 4. 建筑施工测量实训	
4	预算员	建筑与装饰工程计量与计价及软件应用技能		1. 建筑与装饰工程计量与计价及软件应用知识领域 2. 工程招投标与合同管理知识领域 3. 建筑施工技术知识领域	建筑与装饰工程计量与计价实训	
5	合同管理员	合同管理技能		1. 工程招投标与合同管理知识领域 2. 建筑与装饰工程计量与计价及软件应用知识领域 3. 建筑施工技术知识领域	工程招（投）标与合同订立实训	
6	招（投）标员	招（投）标技能				

8.1.2 市政工程管理专业方向教育内容体系框架

市政工程管理专业方向教育内容体系框架 表 2

序号	职业岗位	职业核心能力	专业教育内容体系			拓展教育内容
			普通教育内容	专业教育内容		
				专业基础理论	专业实践训练	
1	资料员	市政工程资料管理技能	1. 思想道德修养与法律基础 2. 毛泽东思想与中国特色社会主义理论体系 3. 形势与政策 4. 国防教育与军事训练 5. 英语 6. 体育 7. 高等数学	1. 工程招投标与合同管理知识领域 2. 市政工程质量验收与资料管理知识领域 3. 建设工程施工管理知识领域	市政工程资料管理计划编制实训	1. 企业财务管理 2. BIM技术在市政工程施工管理中的应用
2	质量员	市政工程质量管理技能		1. 市政工程质量验收与资料管理知识领域 2. 建设工程施工管理知识领域	市政工程资料管理计划编制实训	
3	施工员	市政施工技能		1. 市政工程施工技术知识领域 2. 市政工程质量验收与资料管理知识领域 3. 建设工程施工管理知识领域	1. 市政工程施工图识读与抄绘实训 2. 市政工程施工测量实训 3. 市政工程材料检测实训 4. 市政工程施工组织设计编制实训	
4	预算员	市政工程计量与计价及软件应用技能		1. 市政工程施工技术知识领域 2. 工程招投标与合同管理知识领域 3. 建设工程施工管理知识领域 4. 市政工程计量与计价知识领域	1. 市政工程计量与计价及软件应用实训 2. 市政工程施工成本计划编制实训	
5	招（投）标员	招（投）标技能		1. 工程招投标与合同管理知识领域 2. 建设工程施工管理知识领域 3. 市政工程计量与计价知识领域	工程招（投）标与合同订立实训	

8.2 专业教学内容及标准

8.2.1 专业知识、技能体系一览

1. 专业知识体系一览

建设工程管理专业平台知识体系一览 　　　　表 3

知识领域	知识单元		知识点
1. 工程招投标与合同管理知识领域	核心知识单元	(1) 建设工程招标	1) 建设工程招标相关知识 2) 建设工程招标范围及规模标准 3) 建设工程招标条件 4) 建设工程招标方式 5) 建设工程招标程序、方法及相关法律规定 6) 建设工程招标文件与资格预审文件的编制方法
		(2) 建设工程投标	1) 建设工程投标相关知识 2) 建设工程投标程序、方法及相关法律规定 3) 建设工程投标技巧 4) 建设工程投标文件与资格预审申请文件的编制方法
		(3) 建设工程合同订立	1) 合同的相关法律法规知识 2) 工程承发包模式及合同类型 3) 建设工程合同内容组成 4) 建设工程合同风险
	选修知识单元	(1) 合同履约管理	建设工程施工合同的管理
		(2) 建设工程施工索赔	建设工程施工索赔
2. 建设工程施工管理知识领域	核心知识单元	建设工程项目管理	1) 建设工程项目施工管理基本知识 2) 建设工程项目施工管理的目标和组织 3) 建设工程项目范围管理 4) 建设工程项目风险管理 5) 建设工程项目施工成本管理 6) 建设工程项目施工进度管理 7) 建设工程项目施工质量管理
	选修知识单元	(1) 建设工程安全管理与文明施工	1) 临时设施设置要求 2) 现场土建施工安全标识和安全设施的设置和管理要求
		(2) 建设工程监理	1) 建设工程质量控制、进度控制和投资控制 2) 建设工程安全管理、合同管理

知识领域	知识单元		知识点
1. 建筑施工技术知识领域	核心知识单元	（1）建筑识图与房屋构造	1）制图的基本知识
			2）投影的基本知识
			3）剖面图与断面图的画法
			4）建筑施工图概述
			5）建筑总平面图识读方法
			6）建筑平面图识读方法
			7）建筑立面图识读方法
			8）建筑剖面图识读方法
			9）建筑详图识读方法
		（2）建筑结构识图	1）钢筋混凝土结构施工图通用构造
			2）柱、墙、梁、板、基础、楼梯平法施工图的制图规则和构造要求
			3）常用结构构件的钢筋翻样与计算
		（3）建筑工程测量	1）测量的基础知识
			2）高程测量、角度测量和距离测量的基本知识
			3）坐标测量与计算的基本知识
			4）施工放样与计算的基本知识
			5）建筑工程施工测量的基本知识
		（4）建筑施工技术	1）土石方工程施工工艺和施工技术要求
			2）地基处理施工工艺和施工技术要求
			3）扩展基础和桩、筏形基础工程施工工艺和施工技术要求
			4）混凝土结构工程施工工艺和施工技术要求
			5）砌体结构工程施工工艺和施工技术要求
			6）防水工程施工工艺和施工技术要求
			7）装饰装修工程施工工艺和施工技术要求
			8）季节性安全施工
	选修知识单元	（1）建筑结构	1）钢筋混凝土结构的基本知识
			2）钢筋混凝土基本构件的受力特点、破坏形态和构造要求
			3）钢筋混凝土梁板结构的类型、受力特点、计算简图和构造要求
			4）多层及高层钢筋混凝土房屋结构的常用结构体系、受力特点和构造要求
			5）砌体结构的材料、种类、强度指标和一般构造要求
		（2）土力学与工程基础	1）土力学基本知识
			2）建筑场地的工程地质勘察
			3）常用基础的设计要点和构造要求
			4）常用地基处理方法
			5）区域性地基处理方法

知识领域	知识单元		知识点
2. 建筑与装饰工程计量与计价及软件应用知识领域	核心知识单元	（1）工程定额原理	1）工程计价基础知识 2）工程定额相关知识 3）人工、材料、机械台班消耗量的确定 4）人工、材料、机械台班单价的计算方法 5）概算定额、概算指标和投资估算指标
		（2）建设工程费用组成	1）工程造价费用构成 2）建筑安装工程费用构成与计价程序 3）设备、工器具购置费 4）工程建设其他费用
		（3）定额计价法计量与计价	1）工程量计算相关知识 2）建筑面积计算 3）建筑工程工程量计算 4）装饰装修工程工程量计算 5）定额取费 6）工、料、机分析
		（4）工程量清单计价法计量与计价	1）工程量清单计价基础知识 2）工程量清单编制 3）工程量清单计价 4）工程量清单计价结算 5）竣工结算与保修费用
		（5）工程计价软件应用	1）工程计价软件概述 2）计价软件应用操作流程 3）应用计价软件完成定额计价法造价文件编制 4）应用计价软件完成工程量清单计价法造价文件编制 5）应用计价软件进行工程量列式计算方法
	选修知识单元	（1）图形算量软件	1）工程设置 2）绘图输入 3）表格输入 4）图形工程量的预览和打印 5）CAD图形的导图
		（2）钢筋算量软件	1）工程设置 2）采用绘图方法定义和绘制结构构件 3）单构件输入 4）钢筋工程量的预览和打印

知识领域	知识单元		知识点
3. 建筑工程施工质量验收与资料管理知识领域	核心知识单元	建筑工程施工质量验收	1) 建筑工程施工质量验收的基础知识
			2) 建筑工程地基与基础分部工程的施工质量验收
			3) 建筑工程主体结构分部工程的施工质量验收
			4) 建筑工程屋面分部工程的施工质量验收
			5) 建筑装饰装修分部工程的施工质量验收
			6) 单位工程安全和功能检验以及观感质量的检查验收
	选修知识单元	建筑工程资料管理软件应用知识	1) 运用资料软件编制建筑工程施工质量验收文件
			2) 运用资料软件编制建筑工程施工质量支持文件
			3) 运用资料软件编制住宅分户验收文件
			4) 运用资料软件编制建筑工程监理文件

市政工程管理专业方向知识体系一览 表5

知识领域	知识单元		知识点
1. 市政工程施工技术知识领域	核心知识单元	(1) 无机材料的分类和技术特性	1) 砂石材料的基本分类和质量标准
			2) 石灰和稳定土的基本分类和质量标准
			3) 水泥及水泥混凝土的基本分类和质量标准
			4) 建筑钢材的基本分类和质量标准
		(2) 有机材料的分类和技术特性	1) 沥青的基本分类和质量标准
			2) 沥青混合料的基本分类和质量标准
			3) 高分子材料的基本分类和质量标准
		(3) 市政工程构造与识图	1) 点、线和平面的投影原理
			2) 剖面图、断面图的形成及绘制
			3) 剖面图、断面图的种类及应用
			4) 市政道路工程构造及施工图识读方法
			5) 市政管网工程构造及施工图识读方法
			6) 市政桥涵工程构造及施工图识读方法
		(4) 市政工程测量	1) 测量的基础知识
			2) 高程测量、角度测量和距离测量的基本知识
			3) 坐标测量与计算的基本知识
			4) 施工放样与计算的基本知识
			5) 市政工程施工测量的基本知识
		(5) 市政工程施工技术	1) 土石方工程的施工工艺和施工技术要求
			2) 市政道路路基路面的种类、施工工艺和施工技术要求
			3) 市政桥梁下部结构的施工工艺和施工技术要求
			4) 市政桥梁上部结构的施工工艺和施工技术要求
			5) 市政管涵和箱涵的施工工艺和施工技术要求
			6) 市政给水排水管道工程施工工艺和施工技术要求

知识领域	知识单元		知识点
1. 市政工程施工技术知识领域	选修知识单元	市政工程构筑物	1) 给水排水场站工程结构与特点 2) 生活垃圾填埋处理工程结构与特点 3) 污水处理厂工程结构与特点 4) 钢结构人行天桥工程结构与特点 5) 城市地下管廊工程结构与特点
2. 市政工程计量与计价知识领域	核心知识单元	(1) 定额计价法计量与计价	1) 定额计价的含义 2) 定额的概念和分类 3) 市政工程定额工程量计算规则 4) 市政工程费用的基本计算方法 5) 工、料、机分析
		(2) 工程量清单计价法计量与计价	1) 工程量清单编制 2) 工程量清单预算文件编制 3) 工程量清单结算文件编制
		(3) 市政工程计量与计价软件应用	1) 工程计价软件的分类 2) 计价软件应用操作流程 3) 应用计价软件完成定额计价法造价文件编制 4) 应用计价软件完成工程量清单计价法造价文件编制
3. 市政工程质量验收与资料管理知识领域	核心知识单元	(1) 市政工程资料管理	1) 市政工程资料管理的内容和相关制度 2) 市政工程签证资料的管理方法 3) 市政工程索赔资料的管理方法 4) 市政工程竣工资料的管理方法 5) 市政工程其他技术资料的内容及管理方法
		(2) 市政工程质量验收	1) 市政工程施工质量验收的基础知识 2) 市政工程道路路基分部工程的施工质量验收 3) 市政工程道路路面分部工程的施工质量验收 4) 市政工程桥梁混凝土结构分部工程的施工质量验收 5) 市政工程管网铺设分部工程的施工质量验收 6) 单位工程安全和功能检验以及观感质量的检查验收

2. 专业技能体系一览

建设工程管理专业平台技能体系一览 表6

技能领域	技能单元		技能点
1. 工程招投标与合同管理技能领域	核心技能单元	（1）建设工程招标技能	1）编写与发布招标公告 2）编制招标文件和资格预审文件 3）根据招标文件和招标程序组织招标
		（2）建设工程投标技能	1）编制、封装投标文件 2）根据招标文件和投标程序组织投标
		（3）建设工程合同订立技能	1）拟定合同条款 2）进行合同谈判和签订合同
	选修技能单元	（1）合同变更管理技能	1）进行合同变更管理 2）进行签证管理
		（2）施工索赔管理技能	1）编制索赔报告并提交索赔报告 2）进行索赔谈判
2. 建设工程施工管理技能领域	核心技能单元	建设工程施工组织设计编制技能	1）单位工程施工方案的选择和确定 2）单位工程施工进度计划的确定和编制 3）单位工程施工总平面图的编制
	选修技能单元	建设工程安全管理与文明施工技能	1）能按文明施工要求设置现场临时设施及现场管理 2）能利用安全施工标准管理现场施工

建筑工程管理专业方向技能体系一览 表7

技能领域	技能单元		技能点
1. 建筑施工技术技能领域	核心技能单元	（1）建筑施工图识读与抄绘技能	1）建筑平面图识读与抄绘 2）建筑立面图识读与抄绘 3）建筑剖面图识读与抄绘 4）建筑详图识读与抄绘
		（2）混凝土结构施工图识读与大样绘制技能	1）结构施工图的构成，结构施工图的识读步骤 2）基础平法施工图的识读与大样绘制 3）柱平法施工图识读与大样绘制 4）墙平法施工图识读与大样绘制 5）梁平法施工图识读与大样绘制 6）板平法施工图识读与大样绘制 7）楼梯平法施工图识读与大样绘制
		（3）建筑施工测量技能	1）水准仪使用与高程测量 2）经纬仪使用与角度测量 3）钢尺使用与距离测量 4）全站仪使用与坐标测量 5）施工测量的基本方法 6）建筑施工测量的内容与方法
		（4）钢筋下料及混凝土配料技能	1）利用结构施工图计算混凝土构件钢筋的下料长度并加工 2）钢筋安装及施工质量检查 3）将混凝土试验室配合比换算成施工配合比并拌制混凝土

技能领域	技能单元		技能点
1. 建筑施工技术技能领域	选修技能单元	（1）建筑材料检测技能	1）检测水泥、混凝土和钢筋强度 2）砂石筛分试验
		（2）一般基坑支护施工技能	1）重力式挡墙施工技能 2）土钉墙支护施工技能 3）支挡式结构支护施工技能
2. 建筑与装饰工程计量与计价及软件应用技能领域	核心技能单元	建筑与装饰工程计量与计价及计价软件应用技能	1）工程量计算，工程量清单编制 2）套用定额子目 3）费用计算，工程招标控制价编制 4）造价对量与对价的方法与技巧 5）应用工程计价软件完成定额计价法计价、工程量清单计价、工料机分析
	选修技能单元	建筑工程算量软件应用技能	1）应用钢筋算量软件进行工程绘图和钢筋工程量计算 2）应用图形算量软件进行工程绘图和工程量计算
3. 建筑工程施工质量验收与资料管理技能领域	核心技能单元	建筑工程资料管理技能	1）能编制建筑工程管理资料 2）能编制建筑工程技术资料 3）能编制建筑工程施工质量验收资料 4）能归档整理建筑工程资料
	选修技能单元	（1）建筑工程施工质量验收技能	1）土石方工程、基坑支护工程及常见的地基和基础施工质量的检查验收 2）混凝土结构工程施工质量的检查验收 3）屋面工程施工质量的检查验收 4）抹灰、门窗、饰面板（砖）、涂饰等工程施工质量的检查验收 5）单位工程安全和功能检验以及观感质量的检查验收
		（2）建筑工程资料管理软件应用技能	1）应用资料管理软件完成建筑工程施工全过程的质量验收文件资料 2）应用资料管理软件完成支持文件资料 3）应用资料管理软件完成住宅分户验收资料 4）应用资料管理软件完成监理资料

技能领域	技能单元		技能点
1. 市政工程施工技术	核心技能单元	(1) 市政工程施工图识读与抄绘技能	1) 市政道路工程施工图识读与抄绘
			2) 市政管网工程施工图识读与抄绘
			3) 市政桥涵工程施工图识读与抄绘
			4) 市政路灯工程施工图识读与抄绘
		(2) 市政工程施工测量技能	1) 水准仪使用与高程测量
			2) 经纬仪使用与角度测量
			3) 钢尺使用与距离测量
			4) 全站仪使用与坐标测量
			5) 卫星定位动态测量
			6) 施工测量的基本方法
			7) 道路工程施工测量的内容和方法
			8) 管网工程施工测量的内容和方法
			9) 桥涵工程施工测量的内容和方法
		(3) 市政工程材料检测技能	1) 砂石材料检测
			2) 石灰和稳定土检测
			3) 水泥检测
			4) 混凝土用量集料检测
			5) 水泥混凝土检测
			6) 建筑砂浆试配与检测
			7) 沥青材料检测
			8) 沥青混合料检测
			9) 钢筋检测
	选修技能单元	钢筋下料及混凝土配料技能	1) 利用市政工程施工图计算混凝土构件钢筋的下料长度并加工
			2) 钢筋安装及施工质量检查
			3) 将混凝土试验室配合比换算成施工配合比并拌制混凝土
2. 市政工程计量与计价技能领域	核心技能单元	(1) 市政工程工程量清单及清单计价文件编制技能	1) 工程量计算及工程量清单编制
			2) 市政单位工程清单的编制
			3) 市政单位工程招标控制价的编制
			4) 应用市政工程计价软件完成定额计价法计价、工程量清单计价及工料分析
		(2) 市政工程施工成本管理文件编制技能	1) 市政工程施工成本预测文件编制
			2) 市政工程施工成本决策文件编制
			3) 市政工程施工成本计划文件编制
			4) 市政工程施工成本核算文件编制
			5) 市政工程施工成本分析文件编制
			6) 市政工程施工成本考核文件编制

技能领域	技能单元		技能点
3. 市政工程质量验收与资料管理技能领域	核心技能单元	（1）市政工程资料管理技能	1）能编制市政工程管理资料 2）能编制市政工程技术资料 3）能编制市政工程施工质量验收资料 4）能归档整理市政工程资料
		（2）市政工程质量验收技能	1）市政工程道路路基分部工程的施工质量验收 2）市政工程道路路面分部工程的施工质量验收 3）市政工程桥梁混凝土结构分部工程的施工质量验收 4）市政工程管网铺设分部工程的施工质量验收 5）单位工程安全和功能检验以及观感质量的检查验收

8.2.2 核心知识单元、技能单元教学要求

1. 建设工程管理专业平台核心知识单元、技能单元要求

（1）建设工程管理专业平台核心知识单元要求

建设工程招标知识单元教学要求 表 9

单元名称	建设工程招标	最低学时	24 学时
教学目标		1. 掌握建设工程招标的方式方法 2. 熟悉建设工程招标的相关知识	

教学内容		1. 建设工程招标相关知识点
		  工程承发包、建设工程市场、建设工程招标主体及相关法律规定
		2. 建设工程招标范围及规模标准知识点
		  必须招标的范围、必须招标的规模标准
		3. 建设工程招标条件知识点
		  建设工程招标基本条件、建设工程施工招标条件、可以不进行施工招标的条件
		4. 建设工程招标方式知识点
		  公开招标、邀请招标、采用邀请招标的条件
		5. 建设工程招标程序、方法及相关法律规定知识点
		  建设工程施工公开招标从审查招标人资质到签订合同的程序、方法及相关法律规定
		6. 建设工程招标文件与资格预审文件的编制方法知识点
		  《标准施工招标资格预审文件》的组成及编制方法、《标准施工招标文件》的组成及编制方法	

教学方法建议		建议采用项目导向教学法、案例教学法等	
考核评价要求		本专业知识单元的考核评价可参考以下内容综合评定： 1. 第一阶段是基本知识和技能，对学生进行理论考核（笔试），结合平时实操成绩，确定总评成绩 2. 第二阶段是综合实训，根据实训过程的表现、实训成果、团队协作进行综合评价	

建设工程投标知识单元教学要求　　　　　　　　　　　　　　　表 10

单元名称	建设工程投标	最低学时	12 学时
教学目标	1. 掌握建设工程投标的方式方法 2. 熟悉建设工程投标的相关知识		
教学内容	1. 建设工程投标相关知识点 　建设工程投标主体及相关法律规定 2. 建设工程投标程序、方法及相关法律规定知识点 　建设工程施工投标从获取投标信息到提交履约保函、签订合同的程序、方法及相关法律规定 3. 建设工程投标技巧知识点 　扩大标价法、不平衡报价法、多方案报价法、突然降价法、先亏后盈法 4. 建设工程投标文件与资格预审申请文件的编制方法知识点 　建设工程施工资格预审申请文件内容组成及编制要求、建设工程施工投标文件内容组成及编制要求		
教学方法建议	建议采用项目导向教学法、案例教学法等		
考核评价要求	本专业知识单元的考核评价可参考以下内容综合评定： 1. 第一阶段是基本知识和技能，对学生进行理论考核（笔试），结合平时实操成绩，确定总评成绩 2. 第二阶段是综合实训，根据实训过程的表现、实训成果、团队协作进行综合评价		

建设工程合同订立知识单元教学要求　　　　　　　　　　　　　表 11

单元名称	建设工程合同订立	最低学时	28 学时
教学目标	1. 掌握建设工程合同订立的方法 2. 熟悉建设工程合同的相关法律法规知识		
教学内容	1. 合同的相关法律法规知识点 　《合同法》《建筑法》《招标投标法》与合同相关部分的法律法规规定 2. 工程承发包模式及合同类型知识点 　工程总承包、施工总承包、分包、独立承包、联合承包的模式；总价合同、单价合同、成本加酬金合同等合同类型 3. 建设工程合同内容组成知识点 　《建设工程施工合同（示范文本）》的内容组成 4. 建设工程合同风险知识点 　工程技术、经济、法律、业主、外界环境变化、不可抗力、合同条款等方面的风险		
教学方法建议	建议采用项目导向教学法、案例教学法等		
考核评价要求	本专业知识单元的考核评价可参考以下内容综合评定： 1. 第一阶段是基本知识和技能，对学生进行理论考核（笔试），结合平时实操成绩，确定总评成绩 2. 第二阶段是综合实训，根据实训过程的表现、实训成果、团队协作进行综合评价		

单元名称	建设工程项目管理	最低学时	60 学时
教学目标	1. 掌握项目部的组织结构形式、项目部的职能和组建及其运作方式 2. 掌握横道图、网络进度计划的编制方法 3. 掌握建设工程项目各项目标（如质量、进度、成本和安全等）常用的管理方法和措施 4. 熟悉单位工程施工组织设计的组成和编制方法 5. 了解项目总进度计划的组成和编制、了解价值工程和挣值法		
教学内容	1. 建设工程项目施工管理基本知识点 　　建设工程项目的建设程序、建设工程项目管理的基本内容、建设工程项目管理的基本类型、建设工程施工方项目管理的目标和任务 2. 建设工程项目施工管理的目标和组织知识点 　　建设工程项目管理常见的组织结构形式及其适用范围、组织机构的设置原则、施工项目经理部的构建、施工项目经理的责权利、施工项目管理的工作流程 3. 建设工程项目范围管理知识点 　　建设工程项目范围管理的概念、建设工程项目范围管理的主要内容、建设工程项目范围管理的过程 4. 建设工程项目风险管理知识点 　　建设工程项目管理风险的类型、建设工程施工风险管理的任务和方法 5. 建设工程项目施工成本管理知识点 　　施工成本管理的任务与措施、施工成本计划的编制、施工成本控制的依据、施工成本控制的步骤、施工成本控制的方法、施工成本分析的方法 6. 建设工程项目施工进度管理知识点 　　建设工程项目总进度计划目标、进度计划控制的任务、进度计划的类型、控制性进度计划的作用、实施性进度计划的作用、进度计划控制的措施 7. 建设工程项目施工质量管理知识点 　　施工质量的影响因素、施工质量控制的目标、施工质量控制的基本原理、施工质量的过程控制、施工质量事故的处理程序		
教学方法建议	建议采用项目导向法教学、情景模拟教学、现场教学等方法		
考核评价要求	本专业知识单元的考核评价可参考以下内容综合评定： 1. 根据平时成绩和考试（考查）成绩综合评定 2. 课程结束后采取集中周实训，根据实训效果对课程进行评价 （1）实训完后，学生自身评价 （2）实训完后，教师对学生的实训成果考核评价 （3）实训内容的完善性、可行性评价		

（2）建设工程管理专业平台核心技能单元要求

建设工程招标技能单元教学要求　　　　　　　　　　　　　　　表 13

单元名称	建设工程招标	最低学时	10 学时
教学目标	1. 专业能力：能根据建设工程项目编制招标文件，熟悉招标程序并会进行招标操作 2. 方法能力：具有运用所学知识解决建设工程招标过程中常见问题的能力 3. 社会能力：在招标过程中，具备与各方沟通的能力和内部协调的能力		
教学内容	1. 编写与发布招标公告 2. 编制招标文件和资格预审文件 3. 根据招标文件和招标程序组织招标		
教学方法建议	建议以项目为载体，采用项目导向法教学		
教学场所要求	在校内完成，要求实训室配置电脑、大椭圆桌、排椅、工作标牌、投影仪、话筒、剪刀、计算器、发包人和投标人法人公章若干、发包人和投标人法定代表人印章若干枚		
考核评价要求	根据学生在实训过程的表现、实训成果、团队协作进行综合评价		

建设工程投标技能单元教学要求　　　　　　　　　　　　　　　表 14

单元名称	建设工程投标	最低学时	10 学时
教学目标	1. 专业能力：能根据建设工程项目编制投标文件，熟悉投标程序并会进行投标操作 2. 方法能力： （1）掌握投标过程中的一些常用策略 （2）具有运用所学知识解决建设工程投标过程中常见问题的能力 3. 社会能力：在投标过程中，具备与各方沟通的能力和内部协调的能力		
教学内容	1. 编制、封装投标文件 2. 根据招标文件和投标程序组织投标		
教学方法建议	建议以项目为载体，采用项目导向法教学		
教学场所要求	在校内完成，要求实训室配置电脑、大椭圆桌、排椅、工作标牌、投影仪、话筒、剪刀、计算器、发包人和投标人法人公章若干、发包人和投标人法定代表人印章若干枚		
考核评价要求	根据学生在实训过程的表现、实训成果、团队协作进行综合评价		

建设工程合同订立技能单元教学要求　　　　　　　　　　　　　表 15

单元名称	建设工程合同订立	最低学时	10 学时
教学目标	1. 专业能力：能拟订一般性的建筑工程合同条款 2. 方法能力：具备订立建设工程合同的初步能力 3. 社会能力：在建设工程合同订立过程中，具备与业主方沟通的能力		
教学内容	1. 拟定合同条款 2. 进行合同谈判和签订合同		
教学方法建议	建议以项目为载体，采用项目导向法教学		
教学场所要求	在校内完成，要求实训室配置电脑、大椭圆桌、排椅、工作标牌、投影仪、话筒、剪刀、计算器、发包人和投标人法人公章若干、发包人和投标人法定代表人印章若干枚		
考核评价要求	根据学生在实训过程的表现、实训成果、团队协作进行综合评价		

单元名称	建设工程施工方案编制	最低学时	30 学时
教学目标	1. 专业能力：能够按照给定的小型建设工程施工图编制施工方案 2. 方法能力： （1）具有利用所学知识和掌握的技能解决实际施工问题的能力 （2）具有优化施工方案及经济比选的能力 3. 社会能力： （1）具有与项目参建各方进行沟通和协调的能力，指导专业班组完成施工任务 （2）具有对施工过程中突变情况的处理能力和自主学习的能力		
教学内容	1. 根据给定的小型建设工程施工图纸选择、确定及编制相关分部分项工程施工方案 2. 根据给定的工期和假设条件合理安排施工进度并编制进度计划 3. 根据给定现场及周围环境确定现场施工总平面布置图并绘图 4. 根据施工组织设计成果文件在沙盘模型上布置并做出解析		
教学方法建议	建议以项目为载体，采用项目导向法教学		
教学场所要求	在校内完成，要求校内有专门实训室并配备沙盘模型		
考核评价要求	1. 对学生的施工方案成果文件进行评价 2. 对学生按成果文件在沙盘上的演示结果及答辩进行评价 3. 对学生的应变能力进行评价		

2. 建筑工程管理专业方向核心知识单元、技能单元要求

建筑工程管理专业方向核心知识单元、技能单元要求除掌握建设工程管理专业平台核心知识单元和具备建设工程管理专业平台核心技能单元要求外，还应满足以下核心知识单元要求和技能单元要求。

（1）建筑工程管理专业方向核心知识单元要求

单元名称	建筑识图与房屋构造	最低学时	64 学时
教学目标	1. 掌握投影的基本知识与识读建筑施工图的基本方法 2. 熟悉绘图工具和仪器，并能抄绘出符合国家制图标准的图纸 3. 了解工业厂房建筑施工图的识读方法		

单元名称	建筑识图与房屋构造	最低学时	64 学时
教学内容	1. 制图的基本知识知识点 　制图标准、基本技能方法和训练 2. 投影的基本知识知识点 　点、直线、平面及立体的投影 3. 剖面图与断面图知识点 　剖面图与断面图的分类、画法，剖面图与断面图的应用 4. 建筑施工图概述知识点 　建筑施工图的内容、用途、图示方法及阅读步骤 5. 建筑总平面图识读方法知识点 　建筑总平面图的形成、内容、用途、图示方法及阅读步骤 6. 建筑平面图识读方法知识点 　建筑平面图的形成、内容、用途、图示方法及阅读步骤 7. 建筑立面图识读方法知识点 　建筑立面图的形成、内容、用途、图示方法及阅读步骤 8. 建筑剖面图识读方法知识点 　建筑剖面图的形成、内容、用途、图示方法及阅读步骤 9. 建筑详图识读方法知识点 　建筑详图的索引及详图内容、作用及建筑详图的识读方法		
教学方法建议	建议采用案例教学法、情境教学法、现场教学等方法		
考核评价要求	本专业知识单元的考核评价可参考以下内容综合评定： 1. 根据平时成绩和考试（考查）成绩综合评定 2. 实训完后，学生自身评价 3. 实训完后，教师对学生的实训成果考核评价 4. 校外基地实训指导人员对学生的评价 5. 实训内容的完善性、可行性评价		

建筑结构识图知识单元教学要求　　　　　　　　表 18

单元名称	建筑结构识图	最低学时	64 学时
教学目标	1. 熟悉钢筋混凝土结构施工图通用构造 2. 掌握柱、墙、梁、板平法施工图的识读 3. 熟悉基础平法施工的识读 4. 了解楼梯平法施工图的识读		

单元名称	建筑结构识图	最低学时	64 学时
教学内容	1. 钢筋混凝土结构施工图通用构造知识点 　混凝土结构的环境类别、保护层厚度、受拉钢筋的锚固和连接、箍筋和拉筋的构造、梁纵筋间距、钢筋的下料长度计算 　2. 柱平法施工图知识点 　柱平法施工图的制图规则、抗震框架柱的构造、梁上柱和墙上柱的构造 　3. 墙平法施工图知识点 　剪力墙平法施工图的制图规则、边缘构件的构造、墙身的构造、墙梁的构造、墙后浇带的构造 　4. 梁平法施工图知识点 　梁平法施工图的制图规则、抗震框架梁的构造、非框架梁的构造、悬挑梁的构造、井字梁的构造、梁后浇带的构造 　5. 板平法施工图知识点 　板平法施工图的制图规则、有梁楼盖板的构造、悬挑板的构造、板后浇带的构造 　6. 基础平法施工图知识点 　独立基础、条形基础、筏形基础和桩基承台的制图规则与构造、基础底板和基础梁后浇带的构造 　7. 楼梯平法施工图知识点 　板式楼梯的制图规则与构造 　8. 常用结构构件的钢筋翻样与计算知识点 　框架柱、剪力墙、框架梁、纯悬挑梁和单（双）向板钢筋翻样与计算方法		
教学方法建议	建议采用案例教学法、现场教学等方法		
考核评价要求	本专业知识单元的考核评价可参考以下内容综合评定： 1. 根据平时成绩和考试（考查）成绩综合评定 2. 课程结束后采取集中周实训，根据实训效果对课程进行评价 （1）实训完后，学生自身评价 （2）实训完后，教师对学生的实训成果考核评价 （3）实训内容的完善性、可行性评价		

建筑工程测量知识单元教学要求　　　　　　　　表 19

单元名称	建筑工程测量	最低学时	64 学时
教学目标	1. 掌握测量的基础知识，掌握高程测量、角度测量和距离测量的基本原理和方法，掌握坐标测量和施工放样的基本方法 2. 熟悉坐标计算和施工放样计算，熟悉多层及高层民用建筑施工测量的基本过程与方法 3. 了解控制测量的要求和方法，了解地形图的测绘与应用，了解工业建筑、钢结构建筑和其他建筑施工测量的基本过程与方法		

单元名称	建筑工程测量	最低学时	64 学时
教学内容	1. 测量基础知识点 测量的基准面和基准线、平面坐标系统和高程系统、测量的基本程序与原则 2. 高程测量、角度测量和距离测量知识点 水准测量原理与方法、水平角测量原理与方法、垂直角测量原理与方法、水平距离测量原理与方法、三角高程测量原理与方法 3. 坐标测量与计算知识点 方位角的概念及计算、坐标正算、坐标反算、坐标测量的仪器和方法 4. 控制测量知识点 控制测量的目的与要求，平面控制测量和高程控制测量的基本方法 5. 地形测绘与应用知识点 地形图的基本知识、地形图测绘的基本方法、地形图应用的基本方法 6. 施工放样与计算知识点 施工放样的基本原则与要求，高程放样、角度放样和距离放样的基本方法及有关计算，坐标点位放样的基本方法及有关计算 7. 建筑施工测量知识点 多层民用建筑与高层民用建筑在场地平整、基础施工、主体施工和竣工验收等阶段中的测量内容与方法，工业建筑、钢结构建筑和其他建筑的施工测量过程与方法		
教学方法建议	建议采用以项目为导向，课堂教学与现场实训结合的教学方法		
考核评价要求	本专业知识单元的考核评价可参考以下内容综合评定： 1. 根据平时成绩和考试（考查）成绩综合评定建筑工程测量知识水平 2. 实训完后，学生自身评价 3. 实训完后，教师对学生的实训成果考核评价 4. 校外基地实训指导人员对学生的评价 5. 实训内容的完善性、可行性评价		

建筑施工技术知识单元教学要求　　　　　　　　　　　　　　　　　　　　　　　**表 20**

单元名称	建筑施工技术	最低学时	80 学时
教学目标	1. 掌握建筑工程的地基与基础工程、钢筋混凝土结构工程、砌体结构工程、屋面工程和装饰装修工程的施工技术 2. 熟悉地基处理、基坑支护、钢结构工程的施工技术及冬雨季施工的安全技术 3. 了解装配式工业厂房的施工技术		

单元名称	建筑施工技术	最低学时	80 学时
教学内容	1. 土石方工程施工工艺和施工技术要求知识点 　岩土的工程分类和性质、土石方工程的施工要求、基坑开挖与支护方法 2. 地基处理施工工艺和施工技术要求知识点 　常见的地基处理方法、基本要求和施工方法 3. 扩展基础和桩、筏形基础工程施工工艺和施工技术要求知识点 　扩展基础的施工工艺和施工技术要求、筏形基础的施工工艺和施工技术要求、预制桩基础施工工艺和施工技术要求、常见灌注桩的施工工艺和施工技术要求 4. 混凝土结构工程施工工艺和施工技术要求知识点 　模板工程、钢筋工程、混凝土工程的施工工艺和施工技术要求 5. 砌体结构工程施工工艺和施工技术要求知识点 　砖砌体工程、混凝土小型空心砌块砌体工程和填充墙砌体工程的施工工艺和施工技术要求 6. 防水工程施工工艺和施工技术要求知识点 　屋面卷材防水、屋面涂膜防水、卫生间防水、地下防水工程的施工工艺和施工技术要求 7. 装饰装修工程施工工艺和施工技术要求知识点 　一般抹灰、饰面砖、楼地面板块面层、门窗安装工程、天然石材的湿贴和干挂、轻钢龙骨吊顶和隔墙、外墙外保温的施工工艺和施工技术要求 8. 季节性安全施工知识点 　季节性土方工程、砌体结构工程、混凝土结构工程、装饰工程、屋面工程的季节性安全施工技术要求		
教学方法建议	建议采用项目导向法教学、现场教学等方法		
考核评价要求	本专业知识单元的考核评价可参考以下内容综合评定： 1. 根据平时成绩和考试（考查）成绩综合评定 2. 实训完后，学生自身评价 3. 实训完后，教师对学生的实训成果考核评价 4. 校外基地实训指导人员对学生的评价 5. 实训内容的完善性、可行性评价		

工程定额原理知识单元教学要求 　　　　表 21

单元名称	工程定额原理	最低学时	12 学时
教学目标	1. 掌握建设工程项目的划分 2. 掌握人工、材料、机械台班消耗量的确定 3. 掌握人工、材料、机械台班单价的组成及计算方法 4. 熟悉定额分类与作用 5. 了解概算定额、概算指标和投资估算指标		

单元名称	工程定额原理	最低学时	12 学时
教学内容	1. 工程计价基础知识点 　基本建设的相关概念、工程造价基本概念、工程计价基本原理与方法、消耗量的概念 2. 工程定额相关知识点 　工程定额概述、工程定额的产生与发展、工程定额的分类与作用、企业定额 3. 人工、材料、机械台班消耗量的确定知识点 　人工消耗量的确定、材料消耗量的确定、机械台班消耗量的确定 4. 人工、材料、机械台班单价的计算方法知识点 　人工单价的组成及计算方法、材料单价的组成及计算方法、机械台班单价的组成及计算方法 5. 概算定额、概算指标和投资估算指标知识点 　概算定额、概算指标、投资估算指标		
教学方法建议	建议采用案例教学法、分组教学、角色转换等方法		
考核评价要求	本专业知识单元的考核评价可参考以下内容综合评定： 1. 根据平时成绩和考试（考查）成绩综合评定 2. 课程结束后采取集中周实训，根据实训效果对课程进行评价： （1）实训完后，学生自身评价 （2）实训完后，教师对学生的实训成果考核评价 （3）实训内容的完善性、可行性评价		

建设工程费用组成知识单元教学要求　　　　　　　　　　　　　表 22

单元名称	建设工程费用组成	最低学时	12 学时
教学目标	1. 熟悉工程造价构成 2. 掌握建筑安装工程费用构成与计价程序 3. 熟悉设备、工器具购置费的计算 4. 了解工程建设其他费用		
教学内容	1. 工程造价费用构成知识点 　工程造价费用构成概念、建筑安装工程费用、设备及工器具购置费用、工程建设其他费用、预备费、建设期贷款利息等 2. 建筑安装工程费用构成与计价程序知识点 　分部分项工程费、措施项目费、其他项目费、规费、税金、工程总造价计价程序、综合单价计价程序 3. 设备、工器具购置费知识点 　国内设备购置费的计算、进口设备购置费的计算、工器具购置费的计算 4. 工程建设其他费用知识点 　土地使用费、与项目建设有关的其他费用、与未来企业生产经营有关的其他费用		
教学方法建议	建议采用案例教学法、分组教学、角色转换等方法		

单元名称	建设工程费用组成	最低学时	12 学时
考核评价要求	本专业知识单元的考核评价可参考以下内容综合评定： 1. 根据平时成绩和考试（考查）成绩综合评定 2. 课程结束后采取集中周实训，根据实训效果对课程进行评价： （1）实训完后，学生自身评价 （2）实训完后，教师对学生的实训成果考核评价 （3）实训内容的完善性、可行性评价		

定额计价法计量与计价知识单元教学要求 表 23

单元名称	定额计价法计量与计价	最低学时	60 学时
教学目标	1. 掌握工程量计算方法 2. 掌握建筑面积的计算规则 3. 掌握建筑工程工程量的计算 4. 掌握装饰装修工程工程量的计算 5. 掌握各项不能计算工程量的费用项目的计算 6. 掌握工料机分析		
教学内容	1. 工程量计算相关知识点 工程量计算依据、工程量计算方法 2. 建筑面积的计算知识点 建筑面积的概念、建筑面积的组成、建筑面积计算的意义、建筑面积计算规则 3. 建筑工程工程量计算知识点 土石方工程、桩与地基基础工程、砌体结构工程、混凝土及钢筋混凝土工程、厂库房大门特种门木结构工程、金属结构工程、屋面及防水工程、防腐隔热保温工程、脚手架工程、垂直运输工程、模板工程、混凝土运输及泵送工程、建筑物超高增加费、材料二次运输的工程量计算 4. 装饰装修工程工程量计算知识点 楼地面工程、墙柱面工程、天棚（顶棚）工程、门窗工程、油漆涂料裱糊工程、其他装饰工程、脚手架工程、垂直运输工程、建筑物超高增加费、成品保护工程的工程量计算 5. 定额取费知识点 间接费（规费、企业管理费）、利润、税金等费用的计算 6. 工料机分析知识点 工料机分析的概念与作用、人工用量分析、材料用量分析、机械台班用量分析		
教学方法建议	建议采用案例教学、分组教学、角色转换等方法		
考核评价要求	本专业知识单元的考核评价可参考以下内容综合评定： 1. 根据平时成绩和考试（考查）成绩综合评定 2. 课程结束后采取集中周实训，根据实训效果对课程进行评价： （1）实训完后，学生自身评价 （2）实训完后，教师对学生的实训成果考核评价 （3）实训内容的完善性、可行性评价		

单元名称	工程量清单计价法计量与计价	最低学时	50 学时
教学目标	1. 掌握工程量清单计价强制性条款规定 2. 掌握工程量清单编制 3. 掌握工程量清单计价 4. 掌握工程量清单计价结算 5. 熟悉建设项目竣工结算、工程质量保证金的处理		
教学内容	1. 工程量清单计价基础知识点 《建设工程工程量清单计价规范》概述、工程量清单计价模式概述、清单计价与定额计价的区别 2. 工程量清单编制知识点 建筑工程工程量清单编制、装饰装修工程工程量清单编制、措施项目清单编制、其他项目清单编制、规费项目清单编制、税金项目清单编制 3. 工程量清单计价知识点 建筑工程工程量清单计价、装饰装修工程工程量清单计价、措施项目清单计价、其他项目清单计价、规费项目清单计价、税金项目清单计价、主要材料价格表编制、综合单价分析表编制 4. 工程量清单计价结算知识点 设计变更计价结算、人材机价格变动计价结算、签证与索赔计价结算、合同外增加工程量计价结算、工程价款结算 5. 竣工结算与保修费用知识点 建设项目竣工结算、工程质量保证金的处理		
教学方法建议	建议采用案例教学、分组教学、角色转换等方法		
考核评价要求	本专业知识单元的考核评价可参考以下内容综合评定: 1. 根据平时成绩和考试(考查)成绩综合评定 2. 课程结束后采取集中周实训,根据实训效果对课程进行评价: (1) 实训完后,学生自身评价 (2) 实训完后,教师对学生的实训成果考核评价 (3) 实训内容的完善性、可行性评价		

工程计价软件应用知识单元教学要求　　　　　　　表 25

单元名称	工程计价软件应用	最低学时	36 学时
教学目标	1. 了解工程计价软件的发展 2. 掌握计价软件应用的操作流程 3. 掌握应用计价软件完成定额计价法造价文件的编制 4. 掌握应用计价软件完成工程量清单计价法造价文件的编制 5. 掌握应用计价软件进行工程量列式的计算		

单元名称	工程计价软件应用	最低学时	36 学时
教学内容	1. 工程计价软件概述知识点 工程计价软件的产生与发展 2. 计价软件应用操作流程知识点 新建工程、软件基本操作功能、软件应用技巧 3. 应用计价软件完成定额计价法造价文件编制知识点 定额编码输入、换算操作、工程量输入、费率取定操作、主要材料价格输入、打印输出 4. 应用计价软件完成工程量清单计价法造价文件编制知识点 清单编码的输入、项目名称的输入、项目描述的输入、单位的输入、工程量的输入、费率取定操作、主要材料价格输入、打印输出 5. 应用计价软件进行工程量列式计算方法知识点 建筑工程工程量、装饰装修工程工程量、技术措施项目工程量、钢筋工程工程量的列式与计算		
教学方法建议	建议采用案例教学、分组教学、角色转换等方法		
考核评价要求	本专业知识单元的考核评价可参考以下内容综合评定： 1. 根据平时成绩和考试（考查）成绩综合评定 2. 课程结束后采取集中周实训，根据实训效果对课程进行评价： （1）实训完后，学生自身评价 （2）实训完后，教师对学生的实训成果考核评价 （3）实训内容的完善性、可行性评价		

建筑工程施工质量验收知识单元教学要求　　　　　　　　表 26

单元名称	建筑工程施工质量验收	最低学时	64 学时
教学目标	1. 掌握建筑工程施工质量验收单元划分原则及其验收合格标准 2. 掌握建筑工程施工质量验收资料的编制 3. 掌握建筑工程管理资料的编制 4. 掌握建筑工程施工单位技术资料的编制 5. 熟悉建筑工程施工质量验收程序和组织 6. 熟悉建筑工程监理单位技术资料的编制 7. 熟悉建筑工程施工质量验收资料的整理、组卷和归档工作 8. 了解建筑工程建设单位、勘察设计单位和检测单位技术资料的编制		
教学内容	1. 建筑工程施工质量验收的基础知识点 施工质量验收统一标准及各专业验收规范、建筑工程施工质量验收的基本规定、建筑工程施工质量验收单元的划分、建筑工程施工质量验收程序和组织 2. 建筑工程地基与基础分部工程的施工质量验收知识点 地基验槽、扩展基础、筏形基础、桩基础、土方工程、基坑工程的施工质量验收 3. 建筑工程主体结构分部工程的施工质量验收知识点 混凝土结构、砌体结构工程的施工质量验收 4. 建筑工程屋面分部工程的施工质量验收知识点 基层与保护工程、保温与隔热工程、防水与密封工程、细部构造工程的施工质量验收 5. 建筑装饰装修分部工程的施工质量验收知识点 抹灰工程、门窗工程、吊顶工程、饰面板（砖）工程、涂饰工程、细部工程的施工质量验收 6. 单位工程安全和功能检验以及观感质量的检查验收知识点 质量控制资料的收集和核查、安全和功能检验资料核查及主要功能抽查、观感质量检查、单位工程验收备案资料的收集整理		

单元名称	建筑工程施工质量验收	最低学时	64 学时
教学方法建议	建议采用案例法教学、现场教学等方法		
考核评价要求	本专业知识单元的考核评价可参考以下内容综合评定： 1. 根据平时成绩和考试（考查）成绩综合评定 2. 课程结束后采取集中周实训，根据实训效果对课程进行评价： （1）实训完后，学生自身评价 （2）实训完后，教师对学生的实训成果考核评价 （3）实训内容的完善性、可行性评价		

（2）建筑工程管理专业方向技能单元要求

建筑施工图识读与抄绘技能单元教学要求　　　　　　表 27

单元名称	建筑施工图识读与抄绘	最低学时	30 学时
教学目标	1. 专业能力： （1）具有正确识读建筑平面图、建筑立面图、建筑剖面图和建筑详图的能力 （2）能够正确抄绘建筑平面图、建筑立面图、建筑剖面图和建筑详图 2. 方法能力： （1）具有提出问题、分析问题、解决问题的能力 （2）能够运用所学的制图知识和房屋构造知识，掌握识读建筑施工图的方法 （3）掌握抄绘建筑施工图的方法 3. 社会能力： （1）具有与工程相关人员进行施工图识读和交流的能力 （2）能够配合工程相关人员完成工程施工任务		
教学内容	1. 常用工具与仪器的使用和维护方法 2. 房屋建筑施工图的种类及图示方法 3. 建筑平面图、建筑立面图、建筑剖面图和建筑详图的识读方法 4. 建筑平面图、建筑立面图、建筑剖面图和建筑详图的抄绘步骤与方法		
教学方法建议	教学方法建议采用讲授法、多媒体演示法、现场教学法、示范教学法		
教学场所要求	在校内完成，实训室要求配置建筑施工图、结构施工图及图板、丁字尺、三角板、绘图桌椅		
考核评价要求	以实训考勤、图纸识读考核（答辩）、抄绘大图成绩综合评定实训成绩		

混凝土结构施工图识读与大样绘制技能单元教学要求　　　　表 28

单元名称	混凝土结构施工图识读与大样绘制	最低学时	30 学时
教学目标	1. 专业能力： （1）能够掌握混凝土结构施工图平法的制图规则，具有正确理解和识读常用基础、柱、墙、梁、板、楼梯等结构施工图的能力 （2）能够根据结构施工图进行混凝土构件的大样绘制 2. 方法能力： （1）具有提出问题、分析问题、解决问题的能力 （2）具有应用国家规范、规程和图集解决问题的能力 3. 社会能力： （1）具备组织相关工作人员读懂结构施工图的能力 （2）具有配合和协调工程相关人员和工作流程的能力		

单元名称	混凝土结构施工图识读与大样绘制	最低学时	30 学时
教学内容	1. 结构施工图的构成，结构施工图的识读步骤 2. 常用基础平法施工图识读、大样绘制 3. 柱平法施工图的识读、大样绘制 4. 墙平法施工图的识读、大样绘制 5. 梁平法施工图的识读、大样绘制 6. 板平法施工图的识读、大样绘制 7. 楼梯平法施工图的识读、大样绘制		
教学方法建议	采用项目教学法、任务驱动法、案例分析法等教学方法，并借助校外实训基地进行施工现场教学		
教学场所要求	在校内完成，要求实训室配置建筑施工图、结构施工图以及图板、丁字尺、三角板、绘图桌椅		
考核评价要求	以实训考勤、图纸识读考核（答辩）、构件大样图成绩综合评定实训成绩		

建筑施工测量技能单元教学要求　　　　　　　　　　　　　　**表 29**

单元名称	建筑施工测量	最低学时	30 学时
教学目标	1. 专业能力： （1）能够正确操作与使用水准仪、经纬仪、钢尺和全站仪，进行高程测量、角度测量、距离测量和坐标测量 （2）能够利用常用测量仪器和工具进行平面位置和高程位置的放样，具有计算和准备放样数据的能力，具有建筑施工测量的能力 2. 方法能力： （1）能够根据工程情况选用适当的测量方法 （2）具有运用所学知识与技能，解决新问题的能力 3. 社会能力： （1）能够组织或配合测量人员共同完成测量任务 （2）具有配合和协调工程相关人员和工作流程的能力		
教学内容	1. 水准仪的构造与使用，水准测量的观测、记录和计算，水准仪的检验与校正 2. 经纬仪的构造与使用，角度的观测、记录和计算，经纬仪的检验与校正 3. 钢尺的使用，钢尺量距的方法 4. 全站仪的构造与使用，全站仪测量坐标的方法 5. 放样已知距离、角度和高程的方法；放样平面点位的方法和数据计算 6. 建筑施工测量的准备，民用建筑、高层建筑、工业厂房和钢结构建筑的施工测量		
教学方法建议	建议采用教学做一体化教学方法，其中室内教学优先采用多媒体教学，室外采用学生分组测量实训，教师示范和指导		
教学场所要求	室内教学场所为多媒体教室，室外教学场所可利用校内的操场、道路、广场、树林和空地等		
考核评价要求	根据平时考核、知识考核和技能考核综合评定成绩，其中平时考核指考勤、作业和表现等，知识考核采用笔试，技能考核采用单人操作考核		

单元名称	钢筋下料及混凝土配料	最低学时	30 学时
教学目标	1. 专业能力： （1）能够按施工图对构件钢筋进行下料 （2）能够对钢筋加工进行施工质量的检查 （3）能够按混凝土试验室配合比换算成施工配合比并拌制混凝土 2. 方法能力：具有利用所学知识和掌握的技能解决实际施工问题的能力 3. 社会能力： （1）具有与项目参建各方进行沟通和协调的能力，指导专业班组完成施工任务 （2）具有自主学习的能力		
教学内容	1. 对指定构件的配筋进行编号并计算，根据计算结果填出钢筋下料单 2. 按下料单对钢筋进行下料加工并安装 3. 将指定构件混凝土强度试验室配合比换算成施工配合比 4. 按混凝土施工配合比配料并拌制混凝土，留置混凝土试块		
教学方法建议	建议采用项目导向法和教学做一体化教学方法		
教学场所要求	在校内完成，要求配备满足实训要求的建筑材料和钢筋加工设备、混凝土搅拌设备		
考核评价要求	1. 对实训过程中操作规范性进行评价 2. 按照现行混凝土结构工程施工质量验收规范对钢筋下料和加工成果进行检查和验收，对检查和验收结果进行评价 3. 按照现行混凝土结构工程施工质量验收规范对混凝土强度结果进行评价		

单元名称	建筑与装饰工程计量与计价及计价软件应用	最低学时	60 学时
教学目标	1. 专业能力： （1）能够应用定额计价法编制工程预结算 （2）能够应用工程量清单计价法编制工程预结算，具有编制工程量清单的能力，具有编制投标报价的能力 （3）具有工料机分析的能力 2. 方法能力： （1）能够在工程项目实施各阶段进行相应工程计价 （2）具有运用所学知识与技能，解决新问题的能力 3. 社会能力： （1）能够组织相关人员共同完成工程计价任务 （2）具备与项目参建各方对工程计价工作进行沟通协调的能力		
教学内容	1. 工程量计算，工程量清单编制 2. 套用定额子目 3. 费用计算，工程招标控制价编制 4. 造价对量与对价的方法与技巧 5. 应用工程计价软件完成定额计价法计价、工程量清单计价、工料机分析		

单元名称	建筑与装饰工程计量与计价及计价软件应用	最低学时	60 学时
教学方法建议	建议采用案例教学法、多媒体教学、分组教学、角色转换等方法，其中室内教学优先采用多媒体教学，学生分组实务操作实训，教师示范和指导		
教学场所要求	配备电脑、工作台、工程计价软件的一体化多媒体教室		
考核评价要求	根据平时考核、知识考核和技能考核综合评定成绩，其中平时考核指考勤、作业和表现等，知识考核采用笔试，技能考核采用实务操作考核		

建筑工程资料管理技能单元教学要求　　　　　　　　　　　　表 32

单元名称	建筑工程资料管理	最低学时	30 学时
教学目标	1. 专业能力： （1）能够完成建筑工程施工技术资料和质量验收资料的编制工作 （2）具有对建筑工程资料进行组卷、归档和整理备案的能力 2. 方法能力：具有运用所学知识和技能，完善和解决工程项目资料管理过程中常见问题的能力 3. 社会能力： （1）能够配合相关专业管理人员做好技术交底、安全交底工作 （2）在项目管理过程中，具备与业主等各参与方进行沟通的能力		
教学内容	1. 编制建筑工程管理资料 2. 编制建筑工程技术资料 3. 编制建筑工程施工质量验收资料 4. 归档整理建筑工程资料		
教学方法建议	建议以项目为载体，采用项目导向法教学		
教学场所要求	在校内完成，要求实训室配置一定数量的电脑、工程资料管理软件（网络版）		
考核评价要求	根据平时考核、知识考核和技能考核综合评定成绩，其中平时考核指考勤、作业和提问等，知识考核采用笔试，技能考核采用单人单机操作考核		

3. 市政工程管理专业方向核心知识单元、技能单元要求

市政工程管理专业方向核心知识单元、技能单元要求除掌握建设工程管理专业平台核心知识单元和具备建设工程管理专业平台核心技能单元要求外，还应满足以下核心知识单元要求和技能单元要求。

（1）市政工程管理专业方向核心知识单元要求

无机材料的分类和技术特性知识单元教学要求　　　　　　　　　　表 33

单元名称	无机材料的分类和技术特性	最低学时	26 学时
教学目标	1. 掌握砂石材料的基本分类和质量标准 2. 熟悉石灰和稳定土的基本分类和质量标准 3. 熟悉水泥及水泥混凝土的基本分类和质量标准 4. 了解建筑钢材的基本分类和质量标准		

单元名称	无机材料的分类和技术特性	最低学时	26 学时
教学内容	1. 砂石材料的基本分类和质量标准知识点 砂石材料的来源；砂石材料的基本分类；砂石材料的物理化学性质；砂石材料的技术特性和质量标准 2. 石灰和稳定土的基本分类和质量标准知识点 石灰的来源；稳定土的概念；石灰及稳定土的物理化学性质；石灰及稳定土的技术特性和质量标准 3. 水泥及水泥混凝土的基本分类和质量标准知识点 水泥的矿物组成和基本物理化学特性；水泥的分类；常用水泥的技术性质和质量要求；专用水泥的组成及性能特点；水泥混凝土的分类；水泥混凝土的技术性质和质量要求 4. 钢材的基本分类和质量标准知识点 钢材的分类；钢材的力学性能；钢筋、型材、管材等主要钢材的技术性质和质量要求		
教学方法建议	建议采用案例教学、分组教学、角色转换等方法		
考核评价要求	本专业知识单元的考核评价可参考以下内容综合评定： 1. 第一阶段是基本知识和技能，对学生进行理论考核（笔试），结合平时实操成绩，确定总评成绩 2. 第二阶段是综合实训，根据实训过程的表现、实训成果、团队协作进行综合评价		

有机材料的分类和技术特性知识单元教学要求　　　　　　　　表 34

单元名称	有机材料的分类和技术特性	最低学时	26 学时
教学目标	1. 了解沥青的基本分类和质量标准 2. 熟悉沥青混合料的基本分类和质量标准 3. 熟悉高分子材料的基本分类和质量标准		
教学内容	1. 沥青的基本分类和质量标准知识点 沥青材料的基本组成；沥青的技术性质；石油沥青的技术标准；改性沥青的技术标准；石油沥青的检验指标 2. 沥青混合料的基本分类和质量标准知识点 沥青混合料的基本组成；沥青混合料的分类；沥青混合料的强度和力学性质；沥青混合料的检验指标 3. 高分子材料的基本分类和质量标准知识点 高分子材料的基本组成；高分子材料的基本分类；高分子材料的技术标准；高分子材料的检验指标		
教学方法建议	建议采用案例教学、分组教学、角色转换等方法		
考核评价要求	本专业知识单元的考核评价可参考以下内容综合评定： 1. 第一阶段是基本知识和技能，对学生进行理论考核（笔试），结合平时实操成绩，确定总评成绩 2. 第二阶段是综合实训，根据实训过程的表现、实训成果、团队协作进行综合评价		

<h2 style="text-align:center">市政工程构造与识图知识单元教学要求</h2>

表 35

单元名称	市政工程构造与识图	最低学时	90 学时
教学目标	1. 掌握点、线和平面的投影原理 2. 掌握剖面图、断面图的形成和绘制 3. 掌握剖面图、断面图的种类及应用 4. 掌握市政道路工程施工图的内容与识读 5. 掌握市政管网工程施工图的内容与识读 6. 掌握市政桥涵工程施工图的内容与识读		
教学内容	1. 点、线和平面的投影原理知识点 三面投影体系的建立；点在三投影面体系中的投影；坐标和三面投影规律、线的投影的概念；线在三投影面体系中的投影特性；直线上的点的投影、平面的表示法；平面在三投影面体系中的投影特性；平面上的点和直线 2. 剖面图、断面图的形成和绘制知识点 剖面图的概念；剖面图的剖切位置；剖面图的主要内容；剖面图的画法 3. 剖面图、断面图的种类及应用知识点 全剖面图的画法；半剖面图的画法；阶梯剖面图的画法 4. 市政道路工程施工图的内容与识读知识点 市政道路的平面图；市政道路的纵断面图；市政道路的横断面图；市政道路的路面结构图；市政道路的挡土墙施工图；市政道路的平面交叉；市政道路的立面交叉 5. 市政管网工程施工图的内容与识读知识点 市政管网工程的平面图；市政管网工程的纵断面图；市政管网工程铺设大样图；市政管网工程附属设施构造图 6. 市政桥涵工程施工图的内容与识读知识点 市政桥梁工程桥型布置；市政桥梁工程混凝土一般构造图；市政桥梁工程混凝土钢筋构造图；市政桥梁工程附属设施构造图；市政涵洞一般构造图；市政涵洞钢筋构造图；市政涵洞洞口尺寸图		
教学方法建议	建议采用案例教学、现场教学等方法		
考核评价要求	本专业知识单元的考核评价可参考以下内容综合评定： 1. 第一阶段是基本知识和技能，对学生进行理论考核（笔试），结合平时实操成绩，确定总评成绩 2. 第二阶段是综合实训，根据实训过程的表现、实训成果、团队协作进行综合评价		

<h2 style="text-align:center">市政工程测量知识单元教学要求</h2>

表 36

单元名称	市政工程测量	最低学时	74 学时
教学目标	1. 掌握测量的基础知识，掌握高程测量、角度测量和距离测量的基本原理和方法，坐标测量和施工放样的基本方法 2. 熟悉控制测量的要求和方法，了解地形图的测绘与应用 3. 熟悉施工放样计算方法，熟悉市政道路、管线和桥涵工程施工测量的基本内容与方法		

单元名称	市政工程测量	最低学时	74 学时
教学内容	1. 测量基础知识点 测量的基准面和基准线、平面坐标系统和高程系统、测量的基本程序与原则 2. 高程测量、角度测量和距离测量知识点 高程测量的基本原理；水准仪测量的方法和步骤；角度测量的基本原理；角度测量的方法和步骤；距离测量的基本原理；距离测量的方法和步骤 3. 坐标的测量与计算知识点 坐标方位角的测量方法；坐标方位角的计算方法；坐标计算的方法；坐标测量的仪器和方法 4. 控制测量知识点 控制测量的目的与要求，平面控制测量和高程控制测量的基本方法 5. 地形测绘与应用知识点 地形图的基本知识、地形图测绘的基本方法、地形图应用的基本方法 6. 施工放样与计算知识点 施工放样的基本原则与要求，高程放样、角度放样和距离放样的基本方法及有关计算，坐标点位放样的基本方法及有关计算 7. 市政工程施工测量的知识点 市政工程施工测量的准备工作；市政道路、管线和桥涵工程施工测量的基本步骤和方法；市政工程施工测量应提交的成果		
教学方法建议	建议采用以项目为导向，课堂教学与现场实训结合的教学方法		
考核评价要求	本专业知识单元的考核评价可参考以下内容综合评定： 1. 第一阶段是基本知识和技能，对学生进行理论考核（笔试），结合平时实操成绩，确定总评成绩 2. 第二阶段是综合实训，根据实训过程的表现、实训成果、团队协作进行综合评价		

市政工程施工技术知识单元教学要求　　　　　　　　　　　　　　　　表 37

单元名称	市政工程施工技术	最低学时	120 学时
教学目标	1. 掌握市政土石方工程的施工工艺和施工技术要求 2. 熟悉市政道路路基路面的种类、施工工艺和施工技术要求 3. 熟悉市政桥梁上（下）部结构工程的施工工艺和施工技术要求 4. 熟悉市政涵洞工程的施工工艺和施工技术要求 5. 熟悉市政给水和排水管道工程施工工艺和施工技术要求		
教学内容	1. 市政土石方工程的施工工艺和施工技术要求知识点 人工开挖土石方工程施工工艺和施工技术要求；机械开挖土石方工程施工工艺和施工技术要求；人工填筑土石方工程施工工艺和施工技术要求；机械填筑土石方工程施工工艺和施工技术要求 2. 市政道路路基路面的种类、施工工艺和施工技术要求知识点 市政道路路基的种类；市政道路一般路基的施工工艺和施工技术要求；市政道路地基处理的施工工艺和施工技术要求；市政道路路基防护与加固设施的施工工艺和施工技术要求；市政道路路面结构层的分类；市政道路路面结构层的种类；市政道路路面垫层施工工艺和施工技术要求；市政道路路面基层施工工艺和施工技术要求；市政道路路面面层施工工艺和施工技术要求		

单元名称	市政工程施工技术	最低学时	120 学时
教学内容	3. 市政桥梁工程的施工工艺和施工技术要求知识点 市政桥梁的结构形式；市政桥梁工程通用技术施工工艺和施工技术要求；市政桥梁模板工程施工工艺和施工技术要求；市政桥梁钢筋工程施工工艺和施工技术要求；市政桥梁下部结构工程的施工工艺和施工技术要求；市政桥梁上部结构的施工工艺和施工技术要求 4. 市政涵洞工程的施工工艺和施工技术要求知识点 市政钢筋混凝土盖板涵的施工工艺和施工技术要求；市政钢筋混凝土圆涵的施工工艺和施工技术要求；市政拱涵的施工工艺和施工技术要求；市政钢筋混凝土箱涵的施工工艺和施工技术要求；市政涵洞附属工程的施工工艺和施工技术要求 5. 市政给水和排水管道工程施工工艺和施工技术要求知识点 市政给水管道铺设的施工工艺和施工技术要求；市政排水管道铺设的施工工艺和施工技术要求		
教学方法建议	建议采用案例教学、现场教学等方法		
考核评价要求	本专业知识单元的考核评价可参考以下内容综合评定： 1. 第一阶段是基本知识和技能，对学生进行理论考核（笔试），结合平时实操成绩，确定总评成绩 2. 第二阶段是综合实训，根据实训过程的表现、实训成果、团队协作进行综合评价		

市政工程定额计价法计量与计价知识单元教学要求　　表 38

单元名称	市政工程定额计价法计量与计价	最低学时	52 学时
教学目标	1. 掌握定额计价的含义 2. 掌握定额的概念和分类 3. 掌握市政工程定额工程量计算规则 4. 掌握建筑安装工程费用的基本计算方法 5. 熟悉工料机分析		
教学内容	1. 定额计价的含义知识点 定额计价的基本概念、定额计价的发展演化历史、定额计价的特点和优势；定额计价法与工程量清单计价法的异同 2. 定额的概念和分类知识点 定额的一般性概念；定额的分类；估算指标、概算指标、概算定额、预算定额的概念；施工定额与计价性定额的异同；市政工程定额的基本内容；市政工程定额的基本应用 3. 市政工程定额工程量计算规则知识点 路基处理工程、道路基层工程、道路面层、道路人行道、道路附属设施、道路交通管理设施等的工程量计算规则；桩基工程、基坑与边坡支护工程、现浇混凝土构件工程、预制混凝土构件工程、砌体结构工程、立交箱涵工程、钢结构工程、桥梁外立面装饰工程、桥梁其他附属工程的工程量计算；管道铺设、管件阀门及附件安装、支架制作及安装、管道附属构筑物的工程量计算；变配电设备工程、10kV 以下架空线路、电缆工程、配管配线工程、照明器具安装工程、防雷接地装置工程等工程的工程量计算		

单元名称	市政工程定额计价法计量与计价	最低学时	52 学时
教学内容	4. 建筑安装工程费用的基本计算方法知识点 人工费的计算方法；材料费的计算方法；施工机具使用费的计算方法；企业管理费的计算方法；利润的计算方法；规费的计算方法；"营改增"涉及市政工程计价的相关规定；税金的计算方法 5. 工料机分析知识点 工料机分析的概念与作用、人工用量分析、材料用量分析、机械台班用量分析		
教学方法建议	建议采用案例教学、分组教学、角色转换等方法		
考核评价要求	本专业知识单元的考核评价可参考以下内容综合评定： 1. 第一阶段是基本知识和技能，对学生进行理论考核（笔试），结合平时实操成绩，确定总评成绩 2. 第二阶段是综合实训，根据实训过程的表现、实训成果、团队协作进行综合评价		

市政工程工程量清单计价法计量与计价知识单元教学要求　　　　表 39

单元名称	市政工程工程量清单计价法计量与计价	最低学时	36 学时
教学目标	1. 掌握工程量清单编制 2. 掌握工程量清单预算文件编制 3. 掌握工程量清单结算文件编制		
教学内容	1. 工程量清单编制知识点 市政工程分部分项工程量清单编制、措施项目清单编制、其他项目清单编制、规费项目清单编制、税金项目清单编制 2. 工程量清单预算文件编制知识点 市政工程分部分项工程量清单计量与计价、措施项目清单计量与计价、其他项目清单计价、规费项目清单计价、税金项目清单计价、主要材料价格表编制、综合单价分析表编制 3. 工程量清单结算文件编制知识点 市政工程工程量清单结算文件编制依据；市政工程工程量清单结算文件编制		
教学方法建议	建议采用案例教学、分组教学、角色转换等方法		
考核评价要求	本专业知识单元的考核评价可参考以下内容综合评定： 1. 第一阶段是基本知识和技能，对学生进行理论考核（笔试），结合平时实操成绩，确定总评成绩 2. 第二阶段是综合实训，根据实训过程的表现、实训成果、团队协作进行综合评价		

市政工程计量与计价软件应用　　　　表 40

单元名称	市政工程计量与计价软件应用	最低学时	36 学时
教学目标	1. 了解市政工程计量与计价软件的发展 2. 掌握市政工程计量软件应用的基本流程 3. 掌握应用市政工程计价软件完成定额计价法造价文件的编制 4. 掌握应用市政工程计价软件完成工程量清单计价法造价文件的编制 5. 掌握应用市政工程计量与计价软件综合编制市政工程造价文件		

单元名称	市政工程计量与计价软件应用	最低学时	36 学时
教学内容	1. 市政工程计量与计价软件的发展知识点 市政工程计量软件的产生和发展、市政工程计价软件的产生与发展、市场上主要的市政工程计量与计价软件产品概况 2. 市政工程计量软件应用的基本流程知识点 新建工程、软件基本操作功能、软件应用技巧 3. 应用市政工程计价软件完成定额计价法造价文件的编制知识点 定额编码输入、换算操作、工程量输入、费率取定操作、主要材料价格输入、打印输出 4. 应用市政工程计价软件完成工程量清单计价法造价文件的编制知识点 清单编码的输入、项目名称的输入、项目特征的输入、单位的输入、工程量的输入、综合单价的组价操作、定额的换算、费率取定操作、主要材料价格输入、打印输出 5. 应用市政工程计量与计价软件综合编制市政工程造价文件知识点 模型的导出、模型的导入、模型的深化应用、多单位工程在计价软件中的批量处理		
教学方法建议	建议采用案例教学、分组教学、角色转换等方法		
考核评价要求	本专业知识单元的考核评价可参考以下内容综合评定： 1. 第一阶段是基本知识和技能，对学生进行理论考核（笔试），结合平时实操成绩，确定总评成绩 2. 第二阶段是综合实训，根据实训过程的表现、实训成果、团队协作进行综合评价		

市政工程资料管理知识单元教学要求　　　　　　　**表 41**

单元名称	市政工程资料管理	最低学时	64 学时
教学目标	1. 掌握市政工程资料管理的内容和相关制度 2. 掌握市政工程签证资料的管理方法 3. 掌握市政工程索赔资料的管理方法 4. 掌握市政工程竣工资料的管理方法 5. 掌握市政工程其他技术资料的内容及管理方法		
教学内容	1. 市政工程资料管理的内容和相关制度知识点 市政工程资料管理的意义、市政工程项目信息管理的应用、市政工程资料管理职责、市政工程资料管理的内容 2. 市政工程签证资料的管理方法知识点 市政工程签证资料的范围、办理工程签证的程序、工程签证单据的内容、工程签证的实效、工程签证的责任、工程签证的确认 3. 市政工程索赔资料的管理方法知识点 工程索赔资料的范围、办理工程索赔的程序、工程索赔单据的内容、工程索赔的时效、工程索赔的确认 4. 市政工程竣工资料的管理方法知识点 竣工资料的编制内容、竣工资料的编制原则、竣工资料的编制要求 5. 市政工程其他技术资料的内容及管理方法知识点 市政工程其他技术资料的内容、市政工程其他技术资料的管理方法		
教学方法建议	建议采用案例教学、现场教学等方法		
考核评价要求	本专业知识单元的考核评价可参考以下内容综合评定： 1. 第一阶段是基本知识和技能，对学生进行理论考核（笔试），结合平时实操成绩，确定总评成绩 2. 第二阶段是综合实训，根据实训过程的表现、实训成果、团队协作进行综合评价		

单元名称	市政工程质量验收	最低学时	64 学时
教学目标	1. 掌握市政工程施工质量验收的基本内容知识点 2. 掌握市政工程道路路基分部工程的施工质量验收 3. 掌握市政工程道路路面分部工程的施工质量验收 4. 掌握市政工程桥梁混凝土结构分部工程的施工质量验收 5. 掌握市政工程管网铺设分部工程的施工质量验收 6. 熟悉市政工程监理单位技术资料的编制 7. 熟悉市政工程质量验收资料的整理、组卷和归档工作 8. 了解市政工程建设单位、勘察设计单位和检测单位技术资料的编制		
教学内容	1. 市政工程施工质量验收的基本内容知识点 市政工程施工质量验收相关标准和规范、市政工程施工质量验收的基本规定、市政工程质量验收单元的划分、市政工程质量验收程序和组织 2. 市政工程道路路基分部工程的施工质量验收 地基验槽；回填土及路床压实度等试验报告监督抽检；道路路基处理分部工程验收 3. 市政工程道路路面分部工程的施工质量验收 道路底基层验槽及压实度试验报告监督抽检；道路基层验槽及压实度试验报告监督抽检；道路面层的施工质量验收；道路排水系统验收 4. 市政工程桥梁混凝土结构分部工程的施工质量验收知识点 桥梁桩基工程质量验收；桥梁明挖扩大基础工程质量验收；桥梁下部结构工程质量验收；桥梁上部结构工程质量验收；桥梁附属工程质量验收 5. 市政工程管网铺设分部工程的施工质量验收知识点 管道开槽施工工程质量验收；管道不开槽施工工程质量验收；管道地基验槽；管道混凝土工程质量验收；管道铺设工程质量验收；管道回填土工程质量验收 6. 市政工程监理单位技术资料的编制知识点 质量控制资料的收集和核查、安全和功能检验资料核查及主要功能抽查、观感质量检查、单位工程验收备案资料的收集整理 7. 市政工程质量验收资料的整理、组卷和归档工作 市政工程质量验收资料的整理；市政工程质量验收资料的组卷；市政工程质量验收资料的归档 8. 市政工程建设单位、勘察设计单位和检测单位技术资料的编制 市政工程建设单位技术资料的编制；市政工程勘察设计单位技术资料的编制；市政工程检测单位技术资料的编制		
教学方法建议	建议采用案例教学、现场教学等方法		
考核评价要求	本专业知识单元的考核评价可参考以下内容综合评定： 1. 第一阶段是基本知识和技能，对学生进行理论考核（笔试），结合平时实操成绩，确定总评成绩 2. 第二阶段是综合实训，根据实训过程的表现、实训成果、团队协作进行综合评价		

（2）市政工程管理专业方向技能单元要求

市政工程施工图识读与抄绘技能单元教学要求　　表 43

单元名称	市政工程施工图识读与抄绘	最低学时	30 学时
教学目标	1. 专业能力： （1）具有正确识读市政道路工程施工图、市政管网工程施工图、市政桥涵工程施工图 （2）能够正确抄绘市政道路工程施工图、市政管网工程施工图、市政桥涵工程施工图 2. 方法能力： （1）具有提出问题、分析问题、解决问题的能力 （2）能够运用所学的制图知识和市政工程构筑物构造知识，掌握识读市政道路工程施工图、市政管网工程施工图、市政桥涵工程施工图的方法 （3）掌握抄绘市政道路工程施工图、市政管网工程施工图、市政桥涵工程施工图的方法 3. 社会能力： （1）具有与工程相关人员进行施工图识读和交流的能力 （2）能够配合工程相关人员完成工程施工任务		
教学内容	1. 常用工具与仪器的使用和维护方法 2. 市政工程施工图图示方法 3. 市政道路工程施工图、市政管网工程施工图、市政桥涵工程施工图的识读方法 4. 市政道路工程施工图、市政管网工程施工图、市政桥涵工程施工图详图的抄写绘制步骤与方法		
教学方法建议	教学方法建议采用讲授法、多媒体演示法、现场教学法、示范教学法		
教学场所要求	在校内完成，实训室要求配置市政工程施工图、结构施工图及图板、丁字尺、三角板、绘图桌椅		
考核评价要求	以实训考勤、图纸识读考核（答辩）、抄绘大图成绩综合评定实训成绩		

市政工程施工测量技能单元教学要求　　表 44

单元名称	市政工程施工测量	最低学时	60 学时
教学目标	1. 专业能力： （1）能够正确操作与使用水准仪、经纬仪、钢尺、全站仪和卫星定位测量仪器，进行高程测量、角度测量、距离测量和坐标测量 （2）能够利用常用测量仪器和工具进行平面位置和高程位置的放样，能够进行市政道路工程施工测量、市政管网工程施工测量和市政桥涵工程施工测量 2. 方法能力： （1）能够根据工程情况选用适当的测量方法 （2）具有运用所学知识与技能，解决新问题的能力 3. 社会能力： （1）能够组织或配合测量人员共同完成测量任务 （2）具有配合和协调工程相关人员和工作流程的能力		

单元名称	市政工程施工测量	最低学时	60 学时
教学内容	1. 水准仪的构造与使用，水准测量的观测、记录和计算，水准仪的检验与校正 2. 经纬仪的构造与使用，角度的观测、记录和计算，经纬仪的检验与校正 3. 钢尺的使用，钢尺量距的方法 4. 全站仪的构造与使用，全站仪测量坐标的方法 5. 卫星定位测量仪器的构造与使用，卫星定位动态测量的方法 6. 放样已知距离、角度和高程的方法；放样平面点位的方法和数据计算 7. 市政工程施工测量的准备，市政道路工程、市政管网工程、市政桥涵工程的施工测量		
教学方法建议	建议采用教学做一体化教学方法，其中室内教学优先采用多媒体教学，室外采用学生分组操作实训，教师示范和指导		
教学场所要求	室内教学场所为普通教室或多媒体教学，室外教学场所可利用校内的操场、道路、广场、树林和空地等		
考核评价要求	根据平时考核、知识考核和技能考核综合评定成绩，其中平时考核指考勤、作业和表现等，知识考核采用笔试，技能考核采用单人操作考核		

市政工程材料检测技能单元教学要求　　　　　　　　　　　　表 45

单元名称	市政工程材料检测	最低学时	30 学时
教学目标	1. 专业能力： （1）能够辨识常见的市政工程材料 （2）能够通过检测材料的手段判定材料的工程性能 2. 方法能力： （1）学会分析施工图中所使用的各种市政工程材料 （2）学会解决施工图中出现的问题 3. 社会能力： （1）具有与项目参建各方进行沟通和协调的能力，指导专业班组完成施工任务 （2）具有自主学习的能力		
教学内容	1. 根据试验检验规范检测砂石材料，根据试验结果填写检测报告单 2. 根据试验检验规范检测石灰和稳定土材料，根据试验结果填写检测报告单 3. 根据试验检验规范检测水泥材料，根据试验结果填写检测报告单 4. 根据试验检验规范检测混凝土用量集料，根据试验结果填写检测报告单 5. 根据试验检验规范检测水泥混凝土材料，根据试验结果填写检测报告单 6. 根据试验检验规范检测建筑砂浆材料，根据试验结果填写检测报告单 7. 根据试验检验规范检测沥青材料，根据试验结果填写检测报告单 8. 根据试验检验规范检测沥青混合料集料，根据试验结果填写检测报告单 9. 根据试验检验规范检测钢筋集料，根据试验结果填写检测报告单		
教学方法建议	建议采用项目导向法和教学做一体化教学方法		
教学场所要求	在校内完成，要求配备满足实训要求的市政工程材料检测工具和检测设备		
考核评价要求	1. 对实训过程中操作规范性进行评价 2. 按照现行试验规程，对试验结果进行合理性评价		

单元名称	市政工程工程量清单及清单计价文件编制	最低学时	60 学时
教学目标	1. 专业能力： （1）能够应用定额计价法编制工程预结算 （2）能够应用工程量清单计价法编制工程量清单的能力 （3）能够应用工程量清单计价法编制工程量清单计价文件的能力 （4）具有工料机分析的能力 （5）能够应用工程计价软件完成定额计价法计价、工程量清单计价、工料机分析的能力 2. 方法能力： （1）能够在工程项目实施各阶段进行相应工程计价 （2）具有运用所学知识与技能，解决新问题的能力 3. 社会能力： （1）能够组织相关人员共同完成工程计价任务 （2）具备与项目参建各方对工程计价工作进行沟通协调的能力		
教学内容	1. 工程量计算，工程量清单编制 2. 套用定额子目 3. 费用计算，工程招标控制价编制 4. 造价对量与对价的方法与技巧 5. 应用工程计价软件进行定额计价法计价、工程量清单计价、工料机分析		
教学方法建议	建议采用案例教学法、多媒体教学、分组教学、角色转换等方法，其中室内教学优先采用多媒体教学，学生分组实务操作实训，教师示范和指导		
教学场所要求	配备电脑、工作台、工程计价软件的一体化多媒体教室		
考核评价要求	根据平时考核、知识考核和技能考核综合评定成绩，其中平时考核指考勤、作业和表现等，知识考核采用笔试，技能考核采用实务操作考核		

单元名称	市政工程施工成本计划编制	最低学时	30 学时
教学目标	1. 专业能力： （1）能够根据实际情况确定市政工程施工成本计划的指标 （2）具有编制市政工程施工成本计划的能力 2. 方法能力：具有运用所学知识和技能，完善和解决市政工程施工成本计划编制过程中常见问题的能力 3. 社会能力： （1）能够做好资料收集、归纳整理的工作 （2）在项目管理过程中，具备与业主等各参与方进行沟通的能力		
教学内容	1. 确定市政工程施工成本计划的指标 2. 编制市政工程施工成本计划的能力		
教学方法建议	建议以项目为载体，采用项目导向法教学		
教学场所要求	在校内完成，要求实训室配置一定数量的电脑、工程施工成本计划编制软件（网络版）		
考核评价要求	根据平时考核、知识考核和技能考核综合评定成绩，其中平时考核指考勤、作业和提问等，知识考核采用笔试，技能考核采用单人单机操作考核		

单元名称	市政工程资料管理	最低学时	30 学时
教学目标	1. 专业能力： （1）能够完成市政工程施工技术资料和质量验收资料的编制工作 （2）具有对市政工程资料进行组卷、归档和整理备案的能力 2. 方法能力：具有运用所学知识和技能，完善和解决工程项目资料管理过程中常见问题的能力 3. 社会能力： （1）能够配合相关专业管理人员做好技术交底、安全交底工作 （2）在项目管理过程中，具备与业主等各参与方进行沟通的能力		
教学内容	1. 编制市政工程管理资料 2. 编制市政工程技术资料 3. 编制市政工程施工质量验收资料 4. 归档整理市政工程资料		
教学方法建议	建议以项目为载体，采用项目导向法教学		
教学场所要求	在校内完成，要求实训室配置一定数量的电脑、工程资料管理软件（网络版）		
考核评价要求	根据平时考核、知识考核和技能考核综合评定成绩，其中平时考核指考勤、作业和提问等，知识考核采用笔试，技能考核采用单人单机操作考核		

8.2.3 课程体系构建的原则要求

各院校应按本专业教学要求的核心知识体系设置课程体系，其中课程体系应包括本专业要求附录 1 中的核心课程；应按本专业教学要求的核心技能体系设置实训课程，其中实训课程应包括本专业要求附录 1 中的专业实践教学课程。在此基础上倡导各院校根据自身条件和特色构建校本化的课程体系，其中实训课程教学应形成由基础训练、综合训练和顶岗实习构成的完整体系。

9 专业办学基本条件和教学建议

9.1 专业教学团队

9.1.1 专业带头人

专业带头人应具有本专业相同或相近的全日制专业本科以上的教育背景，有丰富的建设工程管理实践经验和（或）较高的学术造诣，及时掌握本专业的发展方向和制定本专业的发展规划，具有在专业教学、技术服务和专业建设等方面的能力。每个学院应至少配备一名校内专职专业带头人，有条件和必要时可以再设置一名校外兼职专业带头人，校内专业带头人应由获得高校/工程系列副高以上职称的双师型教师担任，校外兼职专业带头人应由获得中级职称三年以上的工程技术人员担任。

9.1.2 师资数量

本专业每门核心专业课程必须有一名以上专职的专业教师。且生师比不大于18：1，主要专任专业教师不少于5人。具有研究生学历的教师占专任教师的比例不低于15%，具有副高以上职称教师占专任教师的比例不低于20%。

主干课程教师每学期担负的教学任务周学时不宜超过16个课时，主干课程课堂教学不宜采用合班上课，以保证教学效果。

9.1.3 师资水平及结构

承担本专业主要课程的任课教师应具有所教学的专业相近全日制本科专业以上教育背景，对于刚从高等院校毕业初次从事专业教育的年轻教师，应安排其从事1～2个学期的助教工作，学校应指派教学经验丰富的教师给予指导。专业教师从事专业教学每3年应安排一个学期的社会实践工作（如果有社会兼职的除外）。

企业兼职教师必须有相应专业中级以上职称且在该专业领域从事专业工作三年以上，能够正常履行教学工作安排。

校内实训教师应具有专科以上学历，兼职实训教师应具有中级以上技能等级证书。

各专业应有专业知识结构合理、队伍相对稳定、水平较高的师资力量，教师年龄层次应该老中青结合，专业职称高中低合理搭配，高级职称不少于30%。企业兼职教师承担的专业实践课程比例不少于35%，核心专业课程原则上应由专职教师担任。

9.2 教学设施

9.2.1 校内实训条件

建设工程管理专业校内实训条件要求　　　　　　　　表49

序号	实践教学项目	主要设备、设施名称及数量	实训室（场地）面积（m²）	备 注
1★	建筑施工图识读与抄绘实训	（1）图板（50套） （2）丁字尺（50套） （3）三角板（50套） （4）绘图桌椅（50套）	120	校内完成，内容包括实训成果及答辩，本实训为基本项目
2★	混凝土结构施工图识读与大样绘制	（1）图板（50套） （2）丁字尺（50套） （3）三角板（50套） （4）绘图桌椅（50套）	120	校内完成，内容包括实训成果及答辩，本实训为基本项目
3☆	市政工程施工图识读与抄绘实训	（1）图板（50套） （2）丁字尺（50套） （3）三角板（50套） （4）绘图桌椅（50套）	120	校内完成，内容包括实训成果及答辩，本实训为基本项目

序号	实践教学项目	主要设备、设施名称及数量	实训室（场地）面积（m²）	备 注
4★	建筑施工测量实训	（1）自动安平水准仪（12台） （2）电子经纬仪（12台） （3）钢尺（12把） （4）全站仪（12台） （5）标尺（24把） （6）激光垂准仪（12台）	120	校内完成，内容包括实训过程操作、实训成果及答辩，本实训为基本项目
5☆	市政工程施工测量实训	（1）自动安平水准仪（12台） （2）电子经纬仪（12台） （3）钢尺（12把） （4）全站仪（12台） （5）标尺（24把） （6）卫星定位测量仪器（12台）	120	校内完成，内容包括实训过程操作、实训成果及答辩，本实训为基本项目
6☆	市政工程材料检测实训	（1）水泥净浆搅拌机（8台） （2）水泥胶砂搅拌机（5台） （3）水泥胶砂振实台（4台） （4）电子天平（8台） （5）水泥标准稠度测定仪（8台） （6）水泥全自动压力机（2台） （7）新标准水泥跳桌（4台） （8）电动抗折试验机（3台） （9）砂浆稠度仪（4台） （10）砂浆分层度仪（4台） （11）水泥混凝土恒温恒湿养护箱（2台） （12）水泥快速养护箱（2台） （13）分样筛振摆仪（4台） （14）电热鼓风干燥箱（1台） （15）新标准砂石筛（8台）	120	校内完成，本实训为选择项目
7★	钢筋下料及混凝土配料实训	（1）工具式钢模板、木模板及木工机械（6套） （2）钢筋工作台、钢筋切断机、钢筋调直机、钢筋弯曲机、弧焊机、对焊机、电渣压力焊机、钢筋套丝机、钢筋挤压机，操作及检测工具（6套） （3）计量设备、混凝土搅拌机、插入式混凝土振捣器、平板振动器（6套）	300	校内完成，本实训为基本项目

序号	实践教学项目	主要设备、设施名称及数量	实训室（场地）面积（m²）	备注
8★	建筑与装饰工程计量与计价及软件应用实训	（1）电脑50台 （2）计价软件网络版1套（50节点） （3）激光A4打印机4台 （4）1.5m×2.0m方桌10张及椅子50把 （5）多媒体投影设备1套	200	校内完成，本实训为基本项目
9☆	市政工程工程量清单及清单计价文件编制实训	（1）电脑50台 （2）计价软件网络版1套（50节点） （3）激光A4打印机4台 （4）1.5m×2.0m方桌10张及椅子50把 （5）多媒体投影设备1套	120	校内完成，本实训为基本项目
10☆	市政工程施工成本计划编制实训	（1）施工现场项目部配套设施（10套） （2）施工现场配套设施（沙盘10套） （3）投影仪、桌椅、资料等（1套）	120	校内完成，本实训为选择项目
11★	建筑工程资料编制实训	（1）电脑（50台） （2）资料管理软件（网络版50个接口）	70	校内完成，本实训为基本项目
12☆	市政工程资料编制实训	（1）电脑（50台） （2）资料管理软件（网络版50个接口）	70	校内完成，本实训为基本项目
13	工程招（投）标与合同订立实训	（1）电脑（50台） （2）大椭圆桌一张（26人），排椅（40人），工作标牌（22个），投影仪（1台），话筒（1个），剪刀（4把），计算器（5个） （3）印章：发包人和投标人法人公章若干、发包人和投标人法定代表人印章若干枚	120	校内完成，本实训为基本项目
14	建设工程施工组织设计编制实训	（1）施工现场配套设施（沙盘）（10套） （2）投影仪、电脑（1套） （3）桌椅、资料等（10套）	200	校内完成，本实训为基本项目

注：1. 表中实训设备及场地按满足一个教学班训练计算；

2. 表中序号无"★"或"☆"的实训为建设工程管理专业两个专业方向均应满足的校内实训条件要求；

3. 表中序号带"★"的为建筑工程管理专业方向应满足的校内实训条件要求；

4. 表中序号带"☆"的为市政工程管理专业方向应满足的校内实训条件要求。

9.2.2 校外实训基地的基本要求

本专业应有一定数量满足实践教学要求的校外实训基地，校外实训基地应优先选择已通过ISO体系认证并具有国家二级及以上施工总承包资质和专业承包资质的建筑业企业管理的项目，或具有省级以上建设行政主管部门对其资质认可和质量技术监督管理部门对其计量认证的试验室，且在项目部或试验室配备专门指导老师，指导老师应具备中级以上技术职称。

校外实训基地的基本要求　　　　　　　　　　　　　　　　表 50

序号	实践教学项目	对校外实训基地的要求	备注
1	建设工程安全管理与文明施工方案编制实训	（1）提供实训基地的企业要求管理规范 （2）配备中级以上技术职称的工程师为指导老师 （3）提供建筑工程施工现场	

9.2.3　信息网络教学条件

本专业各院校应在图书馆、多媒体教室、教师办公室、会议室以及学生宿舍配置校园局域网或类似信息网络接入插口。

9.3　教材及图书、数字化（网络）资料等学习资源

9.3.1　教材

本专业教材宜优先采用校编教材、高等职业教育专业规划教材或专业规划推荐教材。

9.3.2　图书及数字化资料

各校图书馆中应有一定数量与本专业有关的图书、刊物、资料、数字化资源并具有检索这些信息资源的工具。生均图书不少于 60 册。

9.4　教学方法、手段与教学组织形式建议

教学方法：本专业可以采用课堂讲授的传统教学方法、理实一体化教学、案例教学法、项目导向法、情境教学等教学方法。

教学手段：本专业各专业理论课程建议采用多媒体结合板书、现场实物操作过程演示、利用网络共享教学资源信息平台等教学手段。实践技能课建议采用上机操作、情景模拟操作、实物操作演示、现场参观等手段教学。

教学组织：以校内实训基地为依托，通过校企合作平台，建立社会企业参与的高端技能型人才培养模式。

9.5　教学评价、考核建议

教学评价采用学生评价为主，同行评价为辅。考核方法可以采用定性评价、也可采用定量打分，或者两者结合。

9.6　教学管理

本专业实行学分制时，学生毕业前必须修满规定的学分，其中文化基础课、专业课和与专业课配套的实训课学分必须修满，不能以其他限选课或任选课的学分来替代。

本专业各项课程的教学方法各院校可以结合自身特点和实际情况确定适宜的教学方

法，本专业建议采用理实一体化教学方法。合理安排教学计划，具体编制时应注意各专业课的前导后续关系。在专业课程学习之前，与之对应的前导课教学应已完成。

教学计划应根据本专业培养目标、培养规格，结合各院校的特色并充分考虑当地特点制订。各学期的教学时间应做到合理分配，不应出现过多或过少现象，每周正常学时宜控制在28～32课时。教学计划除为适应社会发展需要做出必要的调整和修改外，宜保持相对稳定性。教学计划经审核批准后应严格执行。

10 继续学习深造建议

1. 通过学校三年的专业学习和技能训练，毕业生应掌握必要的自我学习方法，毕业后可以通过边工作边学习，不断更新专业知识，提高专业能力。

2. 学生可以在毕业后根据自己所从事工作的需要，通过参加函授、远程网络教育等方式继续深造，与本专业相近的本科专业主要有：工程管理专业、工程造价专业等。

3. 本专业毕业生可以在毕业后通过监理培训和考试合格取得监理员上岗证；毕业2年后可以通过国家二级建造师考试获得二级建造师执业资格；本专业毕业生也可以经过未来更长时间的工程实践和努力获取一级建造师、造价工程师和监理工程师等更高层次的执业资格。

建设工程管理专业教学基本要求实施示例

1 构建建设工程管理专业课程体系的架构与说明

本专业课程体系按照本教学基本要求第 5 条第 5.2 初始就业岗位群和第 5.3 发展或晋升岗位群所要求具备的能力来设置相应的课程体系，共分两个专业方向，建筑工程管理专业方向和市政工程管理专业方向。

建筑工程管理专业方向的课程体系有：建筑与装饰工程材料、工程力学、土力学与工程基础、建筑结构、建筑识图与房屋构造、建筑结构识图、建筑工程测量、建筑施工技术、建筑与装饰工程计量与计价及软件应用、建设工程法规及相关知识、建筑施工组织设计、建筑工程施工质量验收、建筑工程安全管理与文明施工、工程招投标与合同管理、建筑工程项目管理等。按照初始就业岗位群的主要就业岗位和发展或晋升岗位群的主要发展岗位所要求具备的能力来确定核心课程。建筑工程管理专业方向的主要初始就业岗位是项目管理员，其主要发展岗位为建造师，本专业的核心课程有：建筑施工技术、建筑与装饰工程计量与计价及软件应用、建筑工程施工质量验收、工程招投标与合同管理、建筑工程项目管理。核心课程以外的为专业基础课程、一般专业课程、选修课程，各院校可根据各地实际情况和学校特色选择与核心课程适配的前导和后续发展的专业课程。

具体课程体系架构见表 1。

建筑工程管理专业方向课程体系架构   表 1

序号	就业岗位	专业技能	对应课程
1	项目管理员	建筑施工管理技能	1. 建筑施工技术
			2. 建筑工程施工质量验收
			3. 建筑施工组织设计
			4. 建筑工程项目管理
			5. 建筑工程安全管理与文明施工
2	资料员	建筑工程资料管理技能	建筑工程施工质量验收
3	施工员	建筑施工技能	1. 建筑识图与房屋构造
			2. 建筑与装饰工程材料
			3. 工程力学
			4. 土力学与工程基础
			5. 建筑结构
			6. 建筑结构识图
			7. 建筑工程测量
			8. 建筑施工技术
4	预算员	建筑与装饰工程计量与计价及软件应用技能	1. 建筑识图与房屋构造
			2. 建筑结构识图
			3. 建筑施工技术
			4. 建筑与装饰工程计量与计价及软件应用

序号	就业岗位	专业技能	对应课程
5	合同管理员	合同管理技能	1. 建设工程法规及相关知识
			2. 工程招投标与合同管理
6	招（投）标员	招（投）标技能	1. 建设工程法规及相关知识
			2. 工程招投标与合同管理

市政工程管理专业方向的课程体系有：管理学概论、工程造价概论、会计学基础、市政工程材料、工程力学、市政工程构造与识图、市政工程测量、市政工程施工技术、市政工程计量与计价及软件应用、工程招投标与合同管理、市政工程施工组织设计、市政工程质量验收、市政工程资料管理、市政工程项目管理等。按照初始就业岗位群的主要就业岗位和发展岗位群的主要发展岗位所要求具备的能力来确定核心课程。市政工程管理专业方向的主要初始就业岗位是资料员，其主要发展岗位为建造师，本专业的核心课程有：市政工程施工技术、市政工程计量与计价及软件应用、市政工程质量验收、工程招投标与合同管理、市政工程项目管理。核心课程以外的为专业基础课程、一般专业课程、选修课程，各院校可根据各地实际情况和学校特色选择与核心课程适配的前导和后续发展的专业课程。

具体课程体系架构见表2。

市政工程管理专业方向课程体系架构 表2

序号	就业岗位	专业技能	对应课程
1	资料员	市政工程资料管理技能	1. 市政工程构造与识图
			2. 市政工程施工技术
			3. 工程招投标与合同管理
			4. 市政工程BIM建模软件应用
			5. 市政工程质量验收
			6. 市政工程资料管理
			7. 市政工程项目管理
2	质量员	市政工程质量管理技能	1. 市政工程材料
			2. 市政工程构造与识图
			3. 市政工程测量
			4. 市政工程施工技术
			5. 市政工程质量验收
			6. 市政工程项目管理
3	施工员	市政施工技能	1. 市政工程材料
			2. 市政工程构造与识图
			3. CAD制图
			4. 市政工程测量
			5. 市政工程施工技术
			6. 市政BIM建模软件应用

序号	就业岗位	专业技能	对应课程
4	预算员	市政工程计量与计价及软件应用技能	1. 市政工程构造与识图
			2. 市政工程材料
			3. 工程造价概论
			4. 市政工程施工技术
			5. 工程经济
			6. 市政工程计量与计价及软件应用
5	招（投）标员	组织招（投）标及项目准备阶段统筹管理技能	1. 市政工程构造与识图
			2. 工程经济
			3. 市政工程施工技术
			4. 市政工程计量与计价及软件应用
			5. 工程招投标与合同管理
			6. 市政工程项目管理

2 专业核心课程简介

（1）建设工程管理专业（建筑工程管理专业方向）核心课程简介

建筑施工技术课程简介　　　　　　　　　　表3

课程名称	建筑施工技术	学时 80	理论 70 学时 实践 10 学时
教学目标	\multicolumn{3}{l}{1. 专业能力： （1）通过学习本专业课程，使学生熟练掌握建筑工程的地基与基础工程、主体结构工程、屋面工程和装饰装修工程的施工技术 （2）能够运用所学专业知识组织安排施工现场工作 2. 方法能力：能够合理选择适当的施工工艺 3. 社会能力： （1）能在项目经理的领导下，具备与项目参建各方进行沟通和协调的能力，指导专业班组完成施工任务 （2）具备基本的职业道德和自主学习的能力}

教学内容	单元	知识点	技能点
教学内容	单元 1. 土石方工程	1.1 掌握岩土的工程分类和工程性质	能够组织和管理土方工程施工
		1.2 掌握土石方工程的施工工艺和施工技术要求	
		1.3 熟悉主要土方机械施工的适用范围和施工方法	
		1.4 熟悉常见基坑开挖与支护方法	
		1.5 了解人工降低地下水的方案选择	

课程名称	建筑施工技术		学时 80	理论 70 学时 实践 10 学时
教学内容	单元	知识点		技能点
	单元 2. 地基处理与基础工程	2.1 掌握常见的地基处理方法		能够组织和管理常见浅基础和桩基础的施工
		2.2 掌握扩展基础的施工工艺和施工技术要求		
		2.3 掌握筏形基础的施工工艺和施工技术要求		
		2.4 掌握钢筋混凝土预制桩基础施工工艺和施工技术要求		
		2.5 掌握混凝土灌注桩的种类、施工工艺和施工技术要求		
		2.6 了解箱形基础的施工工艺和施工技术要求		
		2.7 熟悉地下连续墙的工艺原理和施工工艺		
	单元 3. 主体结构工程	3.1 掌握混凝土结构工程（模板工程、钢筋工程和混凝土工程）施工工艺和施工技术要求		能够组织和管理混凝土结构工程、砌体结构工程施工
		3.2 掌握砌体结构工程施工工艺和施工技术要求		
		3.3 熟悉钢结构工程施工工艺和施工技术要求		
	单元 4. 防水工程	4.1 掌握屋面卷材防水施工工艺和施工技术要求		能够组织和管理屋面工程施工
		4.2 掌握卫生间防水施工工艺和施工技术要求		
		4.3 掌握屋面涂膜防水施工工艺和施工技术要求		
		4.4 掌握地下防水工程施工工艺和施工技术要求		
	单元 5. 装饰装修工程	5.1 掌握一般抹灰施工工艺和施工技术要求		能够组织和管理常见的装饰装修工程和外墙外保温工程施工
		5.2 掌握饰面砖施工工艺和施工技术要求		
		5.3 掌握楼地面板块面层施工工艺和施工技术要求		
		5.4 掌握门窗安装工程的施工工艺和施工技术要求		
		5.5 熟悉天然石材的湿贴和干挂的施工工艺和施工技术要求		
		5.6 熟悉轻钢龙骨吊顶和隔墙的施工工艺和施工技术要求		
		5.7 熟悉外墙外保温的施工工艺和施工技术要求		
		5.8 了解幕墙工程的施工工艺和施工技术要求		
	单元 6. 季节性施工	掌握季节性安全施工技术要求		能够组织和管理季节性施工安全

课程名称	建筑施工技术	学时 80	理论 70 学时 实践 10 学时
实训项目及内容	项目 1. 钢筋下料及混凝土配料实训 （1）根据施工图纸和给定混凝土强度试验室配合比；对指定构件的配筋进行编号并计算，根据计算结果填出钢筋下料单；按下料单对钢筋进行下料加工并安装 （2）将指定构件混凝土强度试验室配合比换算成施工配合比；按混凝土施工配合比配料并拌制混凝土，留置混凝土试块 项目 2. 施工方案编制实训 针对某小型建筑工程项目，编制该工程地基与基础工程、主体结构工程等的施工工艺方案，明确施工工艺流程、选择施工方法、确定施工机械等内容 项目 3. 施工工种现场实训 在老师指导下，学生按照给定施工图在校内实训场所进行模板、钢筋和混凝土工程的施工。或利用校外实训基地，组织学生到施工现场实习，实习内容为模板、钢筋、混凝土及砌体结构工程的施工		
教学方法建议	建议采用项目导向法教学、现场教学等方法		
考核评价要求	本专业课程的考核评价可参考以下内容综合评定： 1. 根据平时成绩和考试（考查）成绩综合评定 2. 实训完成，学生自身评价 3. 实训完成，教师对学生的实训成果考核评价 4. 校外基地实训指导人员对学生的评价 5. 实训内容的完善性、可行性评价		

建筑与装饰工程计量与计价及软件应用课程简介　　表 4

课程名称	建筑与装饰工程计量与计价及 软件应用		学时 170	理论 120 学时 实践 50 学时
教学目标	1. 专业能力： 通过学习本专业课程，使学生能够根据施工图纸、施工方案及结合各类计价规范，编制工程造价文件 2. 方法能力： （1）具有一定的独立编制工程造价文件的工作能力 （2）具有解决工作过程中常见问题的能力 3. 社会能力： （1）具有对工程计价工作与项目参建各方进行沟通协调的能力 （2）具有基本的职业道德，具备自主学习能力			
教学内容		单元	知识点	技能点
	单元 1. 工 程 定 额 原 理	1.1　熟悉工程计价基础知识	能进行人工、材料、机械台班消耗量及其相应预算单价的计算
		1.2　熟悉工程定额相关知识	
		1.3　熟悉人工、材料、机械台班消耗量的确定	
		1.4　熟悉人工、材料、机械台班单价的计算方法	
		1.5　了解概算定额、概算指标和投资估算指标	

课程名称	建筑与装饰工程计量与计价及软件应用		学时 170		理论 120 学时 实践 50 学时
教学内容		单元	知识点		技能点
	单元 2. 建设工程费用组成		2.1 掌握工程造价构成		能进行建筑与装饰工程费用计算
			2.2 掌握建筑与装饰工程费用构成与计价程序		
			2.3 了解设备、工器具购置费		
			2.4 了解工程建设其他费用		
	单元 3. 定额计价法计量与计价		3.1 熟悉工程量计算相关知识		能够按定额计价法完成工程计价文件编制工作
			3.2 掌握建筑面积的计算		
			3.3 掌握建筑工程工程量计算		
			3.4 掌握装饰工程工程量计算		
			3.5 掌握定额取费		
			3.6 掌握工料机分析		
	单元 4. 工程量清单计价法计量与计价		4.1 掌握工程量清单计价基本知识		能够按工程量清单计价法完成工程计价文件编制工作
			4.2 掌握工程量清单编制		
			4.3 掌握工程量清单计价		
	单元 5. 施工阶段工程计价		5.1 掌握工程设计变更		能够编制工程施工阶段的计价文件
			5.2 掌握工程签证与索赔		
			5.3 掌握工程量清单计价结算		
	单元 6. 竣工结算与保修费用		6.1 熟悉建设项目竣工结算		能够进行工程质量保证金的处理
			6.2 熟悉工程质量保证金的处理		
	单元 7. 工程计价软件应用		7.1 熟悉工程计价软件概述		能够应用工程计价完成工程量列式计算,能够应用计价软件完成工程造价文件编制
			7.2 掌握计价软件应用操作流程		
			7.3 掌握应用计价软件完成定额计价法造价文件编制		
			7.4 掌握应用计价软件完成工程量清单计价法造价文件编制		
			7.5 掌握应用计价软件进行工程量列式计算方法		
实训项目及内容	项目 1. 建筑与装饰工程计量与计价及计价软件应用实训 针对某建筑工程项目,列项计算其工程量,编制该工程造价及工程造价指标分析表 项目 2. 工料机分析实训 针对已完成的某建筑与装饰工程项目预算书,编制工程项目的工料机分析表,为材料进场及成本管理提供基础数据 项目 3. 设计变更及签证计价 根据实际工程设计变更通知单、工程签证单,完成工程造价编制工作				
教学方法建议	建议采用案例教学、分组教学、角色转换等方法				
考核评价要求	本专业课程的考核评价可参考以下内容综合评定: 1. 根据平时成绩和考试(考查)成绩综合评定 2. 课程结束后采集集中周实训,根据实训效果对课程进行评价: (1)实训完成,学生自身评价 (2)实训完成,教师对学生的实训成果考核评价 (3)实训内容的完善性、可行性评价				

课程名称	建筑工程施工质量验收	学时 64	理论 44 学时 实践 20 学时
教学目标	1. 专业能力： (1) 通过学习本课程，使学生掌握建筑工程施工质量验收单元的划分原则、施工质量验收标准的基本知识，掌握建筑工程施工质量验收资料的编制、收集和管理知识 (2) 具有对单位工程检验批、分项工程、分部（子分部）工程、单位（子单位）工程质量进行验收的能力 (3) 具有对单位工程的施工质量验收资料的编制、整理和管理的能力 2. 方法能力：能够选择适当的检验和（或）测量仪器对工程质量进行实测，能够对一般质量缺陷提出处理方案 社会能力：具有良好的人际交往和处理公共关系的能力，具有吃苦耐劳、团队协作精神和良好的职业道德		

教学内容	单元	知识点	技能点
	单元 1. 建筑工程施工质量验收基础知识	1.1 熟悉建筑工程施工质量验收统一标准及各专业验收规范	会对建筑工程进行单位（子单位）工程、分部（子分部）工程、分项工程和检验批的划分
		1.2 掌握建筑工程施工质量验收的基本规定	
		1.3 掌握建筑工程施工质量验收单元的划分	
		1.4 熟悉建筑工程施工质量验收程序和组织	
	单元 2. 建筑工程地基与基础分部工程	2.1 熟悉地基的施工质量验收	会对土方开挖及常见基础进行质量验收
		2.2 掌握扩展基础、筏形基础、桩基础的施工质量验收	
		2.3 掌握土方工程的施工质量验收	
		2.4 熟悉基坑工程的施工质量验收	
	单元 3. 建筑工程主体结构分部工程	3.1 掌握混凝土结构工程的施工质量验收	会对混凝土结构工程、砌体结构工程进行质量验收
		3.2 掌握砌体结构工程的施工质量验收	
		3.3 了解钢结构工程的施工质量验收	
		3.4 了解木结构的施工质量验收	
	单元 4. 建筑工程屋面分部工程	4.1 掌握卷材防水屋面的施工质量验收	会对卷材防水屋面、涂膜防水屋面进行质量验收
		4.2 掌握涂膜防水屋面的施工质量验收	
		4.3 掌握屋面保温工程的施工质量验收	
		4.4 了解瓦屋面的施工质量验收	
		4.5 了解隔热屋面的施工质量验收	
		4.6 熟悉细部构造工程的施工质量验收	

课程名称	建筑工程施工质量验收	学时 64	理论 44 学时 实践 20 学时

	单元	知识点	技能点
教学内容	单元 5. 建筑装饰装修分部工程	5.1 掌握抹灰工程的施工质量验收	会对抹灰、木（钢）门窗、饰面板（砖）、涂饰工程进行质量验收
		5.2 掌握门窗工程的施工质量验收	
		5.3 熟悉吊顶工程的施工质量验收	
		5.4 了解轻质隔墙工程的施工质量验收	
		5.5 掌握饰面板（砖）工程的施工质量验收	
		5.6 了解幕墙工程的施工质量验收	
		5.7 掌握涂饰工程的施工质量验收	
		5.8 了解裱糊与软包工程的施工质量验收	
		5.9 熟悉细部工程的施工质量验收	
	单元 6. 单位工程安全和功能检验以及观感质量检查	6.1 熟悉质量控制资料的收集和核查	会对单位工程进行质量验收
		6.2 熟悉安全和功能检验资料核查及主要功能抽查	
		6.3 熟悉观感质量检查	
		6.4 熟悉单位工程验收备案资料的收集整理	

实训项目及内容	项目 1. 建筑工程资料编制实训 针对某一具体项目，编制单位工程、分部分项工程、检验批等施工验收资料 项目 2. 地基与基础分部工程验收实训 利用校内或校外实训基地，组织学生针对某一具体的建筑工程项目中的常见桩基础（如预制桩、混凝土灌注桩等）组织现场验收 项目 3. 主体结构分部工程验收实训 利用校内或校外实训基地，组织学生针对某一具体的建筑工程项目中常见的分项工程（如模板、钢筋、混凝土、砖砌体等）组织现场验收 项目 4. 屋面分部工程验收实训 利用校内或校外实训基地，组织学生针对某一具体的建筑工程项目中常见的屋面（如卷材防水屋面、涂膜防水屋面）组织现场验收 项目 5. 建筑装饰装修分部工程验收实训 利用校内或校外实训基地，组织学生针对某一具体的建筑工程项目中常见的子分部（如抹灰、门窗、饰面板（砖）、涂饰工程等）组织现场验收
教学方法建议	建议采用案例法教学、现场教学等方法
考核评价要求	本专业课程的考核评价可参考以下内容综合评定： 1. 根据平时成绩和考试（考查）成绩综合评定 2. 课程结束后采取集中周实训，根据实训效果对课程进行评价： （1）实训完成，学生自身评价 （2）实训完成，教师对学生的实训成果考核评价 （3）实训内容的完善性、可行性评价

课程名称	工程招标投标与合同管理	学时 64	理论 54 学时 实践 10 学时
教学目标	\multicolumn{3}{l}{1. 专业能力：通过对本课程的学习，使学生熟练掌握招标投标的知识方法和合同管理的知识方法 2. 方法能力：使学生具备招标、投标和订立合同的初步能力，并能对合同进行履约管理和索赔管理 3. 社会能力： (1) 在招标、投标过程中，具备与各方沟通能力和内部协调能力 (2) 在合同管理过程中，具备与项目参建各方沟通和协调能力}

教学内容	单元	知识点	技能点
	单元 1. 招标投标	1.1 熟悉建设工程招投标相关知识	1. 会编写与发布招标公告，会编制招标文件和资格预审文件，能根据招标程序进行招标 2. 会编制、封装投标文件；能根据投标程序进行投标
		1.2 掌握建设工程招标	
		1.3 掌握建设工程投标	
	单元 2. 合同管理	2.1 熟悉合同的相关法律法规知识	1. 会拟定合同条款，能进行合同谈判和签订合同 2. 能进行合同变更管理和签证管理 3. 会编制索赔报告并提交索赔报告，能进行索赔谈判
		2.2 熟悉工程承发包模式及合同类型	
		2.3 熟悉建设工程合同的内容组成	
		2.4 掌握建设工程合同的风险	
		2.5 掌握建设工程施工合同的管理	
		2.6 熟悉建设工程施工索赔	

实训项目及内容	项目 1. 建设工程招标 编制招标文件和资格预审文件；根据招标程序进行招标 项目 2. 建设工程投标 编制、封装投标文件；根据投标程序进行投标 项目 3. 建设工程合同订立 拟定合同条款、合同谈判、签订合同 项目 4. 合同变更管理 合同变更管理、签证管理 项目 5. 施工索赔管理 编制索赔报告、提交索赔报告、索赔谈判
教学方法建议	建议采用项目导向法教学、案例教学等方法
考核评价要求	本专业课程的考核评价可参考以下内容综合评定： 1. 第一阶段是基本知识和技能，对学生进行理论考核（笔试），结合平时实操成绩，确定总评成绩 2. 第二阶段是综合实训，根据实训过程的表现、实训成果、团队协作进行综合评价

课程名称	建筑工程项目管理	学时 60	理论 54 学时 实践 6 学时
教学目标			

教学目标	1. 专业能力： （1）通过学习本专业课程，使学生熟练掌握选择适当的管理措施对项目的各项目标实施有效管理 （2）能够选择和确定单位工程的施工方案 2. 方法能力：能够利用所学专业知识独立组织项目施工现场管理工作 3. 社会能力： （1）能够在项目经理的领导下，合理协调各专业班组的施工工作 （2）具备基本的职业道德，具备自主学习能力

教学内容	单元	知识点	技能点
教学内容	单元 1. 建筑工程项目施工管理基本知识	1.1　掌握建筑工程项目的建设程序	能够确立项目管理的类型和目标
		1.2　掌握建筑工程项目管理的基本内容	
		1.3　熟悉建筑工程项目管理的基本类型	
		1.4　掌握建筑工程施工方项目管理的目标和任务	
		1.5　了解建筑工程项目管理的产生和发展	
	单元 2. 建筑工程项目施工管理的目标和组织	2.1　掌握建筑工程项目管理常见的组织结构形式及其适用范围	能够建立项目管理的组织机构
		2.2　熟悉组织机构的设置原则	
		2.3　熟悉施工项目管理部的构建	
		2.4　掌握施工项目经理的责权利	
		2.5　熟悉施工项目管理的工作流程	
	单元 3. 建筑工程项目范围管理	3.1　建筑工程项目范围管理的概念	能够对项目管理进行划分和描述
		3.2　建筑工程项目范围管理的主要内容	
		3.3　建筑工程项目范围管理的过程	
	单元 4. 建筑工程项目风险管理	4.1　熟悉建筑工程项目管理风险的类型	能够识别施工过程风险
		4.2　了解建筑工程施工风险管理的任务和方法	
	单元 5. 建筑工程项目施工成本控制	5.1　熟悉施工成本管理的任务与措施	能够利用各种成本管理手段控制成本
		5.2　掌握施工成本计划的编制依据和编制方法（按施工成本组成编制、按子项目组成编制、按施工进度计划编制）	
		5.3　熟悉施工成本控制的依据（合同、成本计划、进度报告、变更等）	
		5.4　掌握施工成本控制的步骤（比较、分析、预测、纠偏、检查）	
		5.5　熟悉施工成本控制的方法（偏差分析法、价值工程法、挣值法）	
		5.6　熟悉施工成本分析的方法（比较法、因素分析法、差额分析法等）	

课程名称	建筑工程项目管理	学时 60	理论 54 学时 实践 6 学时

	单元	知识点	技能点
教学内容	单元 6. 建筑工程项目施工进度管理	6.1 掌握建筑工程项目总进度计划目标	能够利用各种控制措施进行进度计划管理
		6.2 掌握建筑工程项目进度计划控制的任务	
		6.3 掌握施工方进度计划的类型（控制性进度计划和实施性进度计划）	
		6.4 掌握控制性进度计划的作用	
		6.5 熟悉实施性进度计划的作用	
		6.6 掌握施工方进度计划控制的措施（组织措施、管理措施、经济措施和技术措施）	
	单元 7. 建筑工程项目施工质量控制	7.1 熟悉施工质量管理和质量控制的含义	能够利用各种控制措施进行质量管理
		7.2 掌握施工质量的影响因素	
		7.3 掌握施工质量控制的目标	
		7.4 掌握施工质量控制的基本原理	
		7.5 掌握施工质量的过程控制（施工准备阶段、施工过程、竣工验收阶段）	
		7.6 熟悉施工质量事故的分类	
		7.7 熟悉施工质量事故的处理程序	

实训项目及内容	项目 1. 建筑工程施工组织设计编制 　　根据给定施工图纸选择和确定土方工程、基础工程、主体结构工程的施工方案，编制单位工程施工方案；根据给定的工期和假设条件合理安排施工进度并编制进度计划；根据给定现场及周围环境确定现场总平图并绘图 项目 2. 建筑施工管理综合实训 　　针对某项建筑工程项目，完成工程招标文件编制、工程项目施工组织设计与施工图预算编制、确定并设置项目经理部、按文明施工要求布置现场、按给定工期确定施工进度计划（用网络计划和横道图绘制）、工程投标文件编制、施工质量验收资料的编制和汇总

教学方法建议	建议采用项目导向法教学、情景模拟教学、现场教学等方法

考核评价要求	本专业课程的考核评价可参考以下内容综合评定： 1. 根据平时成绩和考试（考查）成绩综合评定 2. 课程结束后采取集中周实训，根据实训效果对课程进行评价： （1）实训完成，学生自身评价 （2）实训完成，教师对学生的实训成果考核评价 （3）实训内容的完善性、可行性评价

（2）建设工程管理专业（市政工程管理专业方向）核心课程简介

市政工程施工技术课程简介　　　　　　　　　　　　　　　　　　　　表 8

课程名称	市政工程施工技术	学时 120	理论 100 学时 实践 20 学时
教学目标	<td colspan="3">1. 专业能力： （1）通过学习本专业课程，使学生熟练掌握市政工程土石方工程、道路路基路面工程、市政桥梁上（下）部结构施工工程、市政涵洞工程、市政给水排水工程的施工技术 （2）能够运用所学专业知识组织安排施工现场工作 2. 方法能力：能够合理选择适当的施工工艺 3. 社会能力： （1）能在项目经理的领导下，具备与项目参建各方进行沟通和协调的能力，指导专业班组完成施工任务 （2）具备基本的职业道德和自主学习的能力</td>

教学内容	单元	知识点	技能点
	单元 1. 土石方工程	1.1 熟悉岩土的工程分类和工程性质	能够组织和管理土方工程施工
		1.2 掌握人工开挖土石方工程施工要求和施工方法	
		1.3 掌握机械开挖土石方工程施工要求和施工方法	
		1.4 掌握人工填筑土石方工程施工要求和施工方法	
		1.5 掌握机械填筑土石方工程施工要求和施工方法	
	单元 2. 市政道路路基路面工程	2.1 熟悉市政道路一般路基的施工工艺和施工技术要求	能够组织和管理市政道路路基和路面工程施工
		2.2 熟悉市政道路地基处理的施工工艺和施工技术要求	
		2.3 掌握道路路基防护与加固设施的施工工艺和施工技术要求	
		2.4 掌握市政道路路面结构层的种类	
		2.5 掌握市政道路路面垫层施工工艺和施工技术要求	
		2.6 掌握市政道路路面基层施工工艺和施工技术要求	
		2.7 掌握市政道路路面面层施工工艺和施工技术要求	
		2.8 熟悉市政道路路基的种类	
		2.9 熟悉道路路面结构层的分类	
	单元 3. 市政桥梁工程施工工艺和施工技术要求	3.1 掌握市政桥梁工程通用技术施工工艺和施工技术要求	能够组织和管理市政桥梁工程施工
		3.2 掌握市政桥梁模板工程施工工艺和施工技术要求	
		3.3 掌握市政桥梁钢筋工程施工工艺和施工技术要求	
		3.4 掌握市政桥梁下部结构施工的施工工艺和施工技术要求	
		3.5 市政桥梁上部结构施工的施工工艺和施工技术要求	
		3.6 了解市政桥梁的结构形式	

课程名称	市政工程施工技术	学时 120	理论 100 学时 实践 20 学时

教学内容	单元	知识点	技能点
	单元 4. 市政涵洞工程施工工艺和施工技术要求	4.1 掌握市政钢筋混凝土盖板涵的施工工艺和施工技术要求	能够组织和管理市政涵洞工程施工
		4.2 掌握市政钢筋混凝土圆涵的施工工艺和施工技术要求	
		4.3 了解市政拱涵的施工工艺和施工技术要求	
		4.4 了解市政钢筋混凝土箱涵的施工工艺和施工技术要求	
		4.5 熟悉市政涵洞附属工程的施工工艺和施工技术要求	
	单元 5. 市政给水和排水管道工程施工工艺和施工技术要求	5.1 掌握市政给水管道铺设的施工工艺和施工技术要求	能够管理市政给水和排水管道工程施工
		5.2 掌握市政排水管道铺设的施工工艺和施工技术要求	

实训项目及内容	项目 1. 钢筋下料及混凝土配料实训 （1）根据施工图纸和给定混凝土强度试验室配合比；对指定构件的配筋进行编号并计算，根据计算结果填出钢筋下料单；按下料单对钢筋进行下料加工并安装 （2）将指定构件混凝土强度试验室配合比换算成施工配合比；按混凝土施工配合比配料并拌制混凝土，留置混凝土试块 项目 2. 施工方案编制实训 针对某项市政工程项目，编制该市政工程的道路工程、桥梁工程、涵洞工程和管网工程等的施工工艺方案，明确施工工艺流程、选择施工方法、确定施工机械等内容 项目 3. 施工工种现场实训 在老师指导下，学生按照给定施工图在校内实训场所进行模板、钢筋和混凝土工程的施工。或利用校外实训基地，组织学生到施工现场实习，实习内容为市政道路、桥梁、涵洞和管网工程的施工

教学方法建议	建议采用项目导向法教学、现场教学等方法

考核评价要求	本专业课程的考核评价可参考以下内容综合评定： 1. 根据平时成绩和考试（考查）成绩综合评定 2. 实训完成，学生自身评价 3. 实训完成，教师对学生的实训成果考核评价 4. 校外基地实训指导人员对学生的评价 5. 实训内容的完善性、可行性评价

市政工程计量与计价及软件应用课程简介

表 9

课程名称	市政工程计量与计价及软件应用	学时 120	理论 80 学时 实践 40 学时

教学目标	1. 专业能力：通过学习本专业课程，使学生能够根据施工图纸、施工方案及结合各类计价规范，编制工程造价文件 2. 方法能力： （1）具有一定的独立编制工程造价文件的工作能力 （2）具有解决工作过程中常见问题的能力 3. 社会能力： （1）具有对工程计价工作与项目参建各方进行沟通协调的能力 （2）具有基本的职业道德，具备自主学习能力

教学内容	单元	知识点	技能点
	单元 1. 工程定额原理	1.1 熟悉工程计价基础知识	能进行人工、材料、机械台班消耗量及其相应预算单价的计算
		1.2 熟悉工程定额相关知识	
		1.3 熟悉人工、材料、机械台班消耗量的确定	
		1.4 熟悉人工、材料、机械台班单价的计算方法	
		1.5 了解概算定额、概算指标和投资估算指标	
	单元 2. 建设工程费用组成	2.1 掌握工程造价构成	能进行市政工程费用计算
		2.2 掌握市政工程费用构成与计价程序	
		2.3 了解设备、工器具购置费	
		2.4 了解工程建设其他费用	
	单元 3. 定额计价法计量与计价	3.1 掌握工程量计算基本方法	能够按定额计价法完成市政工程计价文件编制工作
		3.2 掌握市政土石方工程工程量的计算	
		3.3 掌握市政道路工程工程量的计算	
		3.4 掌握市政桥涵工程工程量的计算	
		3.5 掌握市政管网工程工程量的计算	
		3.6 掌握工料机分析	
		3.7 了解市政工程路灯工程工程量的计算	
	单元 4. 工程量清单计价法计量与计价	4.1 掌握工程量清单计价基本知识	能够按工程量清单计价法完成工程计价文件编制工作
		4.2 掌握工程量清单编制	
		4.3 掌握工程量清单计价	

课程名称	市政工程计量与计价及软件应用		学时 120	理论 80 学时 实践 40 学时
教学内容	单元	知识点		技能点
	单元 5. 施工阶段工程计价	5.1　掌握工程设计变更		能够编制工程施工阶段的计价文件
		5.2　掌握工程签证与索赔		
		5.3　掌握工程量清单计价结算		
	单元 6. 竣工结算与保修费用	6.1　熟悉建设项目竣工结算		能够进行工程质量保证金的处理
		6.2　熟悉工程质量保证金的处理		
	单元 7. 工程计价软件应用	7.1　熟悉工程计价软件概述		能够应用工程计价完成工程量列式计算，能够应用计价软件完成工程造价文件编制
		7.2　掌握计价软件应用操作流程		
		7.3　掌握应用计价软件完成定额计价法造价文件编制		
		7.4　掌握应用计价软件完成工程量清单计价法造价文件编制		
		7.5　掌握应用计价软件进行工程量列式计算方法		
实训项目及内容	项目 1. 市政工程计量与计价及软件应用实训 针对某市政工程项目，列项计算其工程量，编制该工程造价及工程造价指标分析表 项目 2. 工料机分析实训 针对已完成的某市政工程项目预算书，编制工程项目的工料机分析表，为材料进场及成本管理提供基础数据 项目 3. 设计变更及签证计价 根据实际工程设计变更通知单、工程签证单，完成工程造价编制工作			
教学方法建议	建议采用案例教学、分组教学、角色转换等方法			
考核评价要求	本专业课程的考核评价可参考以下内容综合评定： 1. 根据平时成绩和考试（考查）成绩综合评定； 2. 课程结束后采取集中周实训，根据实训效果对课程进行评价： （1）实训完成，学生自身评价 （2）实训完成，教师对学生的实训成果考核评价 （3）实训内容的完善性、可行性评价			

市政工程质量验收课程简介

表 10

课程名称	市政工程质量验收	学时 64	理论 44 学时 实践 20 学时

教学目标	1. 专业能力： （1）通过学习本课程，使学生掌握市政工程施工质量验收单元的划分原则、施工质量验收标准的基本知识，掌握市政工程质量验收资料的编制、收集和管理知识 （2）具有对单位工程检验批、分项工程、分部（子分部）工程、单位（子单位）工程质量进行验收的能力 （3）具有对单位工程的施工质量验收资料的编制、整理和管理的能力 2. 方法能力：能够选择适当的检验和（或）测量仪器对工程质量进行实测，能够对一般质量缺陷提出处理方案 3. 社会能力：具有良好的人际交往和处理公共关系的能力，具有吃苦耐劳、团队协作精神和良好的职业道德

教学内容	单元	知识点	技能点
	单元 1. 市政工程质量验收的基本内容	1.1 熟悉市政工程施工质量验收的相关标准和规范	会对市政工程进行单位（子单位）工程、分部（子分部）工程、分项工程和检验批的划分
		1.2 掌握市政工程施工质量验收的基本规定	
		1.3 掌握市政工程施工质量验收单元的划分	
		1.4 熟悉市政工程施工质量验收程序和组织	
	单元 2. 市政工程道路路基分部工程的施工质量验收	2.1 熟悉地基验槽	会对市政工程道路路基分部工程进行质量验收
		2.2 掌握回填土及路床压实度等试验报告监督抽检	
		2.3 掌握道路路基处理分部工程验收	
	单元 3. 市政工程道路路面分部工程的施工质量验收	3.1 掌握道路底基层验槽及压实度试验报告监督抽检	会对市政工程道路路面分部工程进行质量验收
		3.2 掌握道路基层验槽及压实度试验报告监督抽检	
		3.3 了解道路面层的施工质量验收	
		3.4 了解道路排水系统验收	
	单元 4. 市政工程桥梁混凝土结构分部工程的施工质量验收	4.1 掌握桥梁桩基工程质量验收	会对市政工程桥梁混凝土结构分部工程进行质量验收
		4.2 掌握桥梁明挖扩大基础工程质量验收	
		4.3 掌握桥梁下部结构工程质量验收	
		4.4 了解桥梁上部结构工程质量验收	
		4.5 了解桥梁附属工程质量验收	
	单元 5. 市政工程管网铺设分部工程的施工质量验收	5.1 掌握管道开槽施工工程质量验收	会对市政工程管网铺设分部工程进行质量验收
		5.2 掌握管道不开槽施工工程质量验收	
		5.3 掌握管道地基验槽	
		5.4 熟悉管道混凝土工程质量验收	
		5.5 掌握管道铺设工程质量验收	
		5.6 熟悉管道回填土工程质量验收	

课程名称	市政工程质量验收		学时 64	理论 44 学时 实践 20 学时

	单元	知识点	技能点
教学内容	单元 6. 市政工程监理单位技术资料的编制	6.1　熟悉质量控制资料的收集和核查	会对市政工程监理单位技术资料的内容做具体说明
		6.2　熟悉安全和功能检验资料核查及主要功能抽查	
		6.3　熟悉观感质量检查	
		6.4　熟悉单位工程验收备案资料的收集整理	
	单元 7. 市政工程质量验收资料的整理、组卷和归档工作	7.1　熟悉市政工程质量验收资料的整理	会对市政工程质量验收资料进行整理、组卷和归档
		7.2　熟悉市政工程质量验收资料的组卷	
		7.3　熟悉市政工程质量验收资料的归档	
	单元 8. 市政工程建设单位、勘察设计单位和检测单位技术资料的编制	8.1　熟悉市政工程建设单位技术资料的编制	会对市政工程建设单位、勘察设计单位和检测单位技术资料的内容做具体说明
		8.2　熟悉市政工程勘察设计单位技术资料的编制	
		8.3　熟悉市政工程检测单位技术资料的编制	

实训项目及内容	项目 1. 市政道路路基分部工程验收实训 利用校内或校外实训基地，组织学生针对某一具体的市政道路路基项目中的常见路基组织现场验收 项目 2. 市政道路路面分部工程验收实训 利用校内或校外实训基地，组织学生针对某一具体的市政道路路面工程中常见的分项工程（如路面垫层、路面基层、路面面层等）组织现场验收 项目 3. 市政桥梁混凝土结构工程验收实训 利用校内或校外实训基地，组织学生针对某一具体的市政桥梁混凝土结构工程中常见的分项工程（如模板、钢筋、混凝土等）组织现场验收 项目 4. 市政管网铺设分部工程验收实训 利用校内或校外实训基地，组织学生针对某一具体的市政管网铺设工程中常见的子分部（如铺设放线、管道接口、管基开挖、管道回填等）组织现场验收

教学方法建议	建议采用案例教学、现场教学等方法

考核评价要求	本专业课程的考核评价可参考以下内容综合评定： 1. 根据平时成绩和考试（考查）成绩综合评定 2. 课程结束后采取集中周实训，根据实训效果对课程进行评价： （1）实训完成，学生自身评价 （2）实训完成，教师对学生的实训成果考核评价 （3）实训内容的完善性、可行性评价

课程名称	市政工程资料管理	学时 64	理论 44 学时 实践 20 学时
教学目标	1. 专业能力： （1）通过学习本课程，使学生掌握市政工程资料管理的概念、目的、意义和相关制度；掌握市政工程资料归档管理的范围、保存单位、保存期限和质量要求及移交 （2）具有对单位工程检验批、分项工程、分部（子分部）工程、单位（子单位）工程质量验收资料进行编制、组卷、归档的能力 （3）具有对原材料、工程实体检测的见证取样及试验资料的收集整理的能力 2. 方法能力：具有对市政工程资料进行分类、编码的能力；具有解决资料管理中常见问题的能力 3. 社会能力： 培养学生人际交往和处理公共关系的能力，具有吃苦耐劳、团队协作精神和良好的职业道德		

	单元	知识点	技能点
教学内容	单元 1. 市政工程资料管理的内容和相关制度知识	1.1 市政工程资料管理的意义	对市政工程资料归档管理的范围、保存单位、保存期限和质量要求及移交进行项目说明
		1.2 掌握市政工程项目信息管理的应用	
		1.3 掌握市政工程资料管理职责	
		1.4 熟悉市政工程资料管理的内容	
	单元 2. 市政工程签证资料的管理方法知识点	2.1 熟悉市政工程签证资料的范围	会对市政工程的签证资料进行管理
		2.2 掌握办理工程签证的程序	
		2.3 掌握工程签证单据的内容	
		2.4 熟悉工程签证的实效	
		2.5 熟悉工程签证的责任	
		2.6 熟悉工程签证的确认	
	单元 3. 市政工程索赔资料的管理方法知识点	3.1 掌握工程索赔资料的范围	会对市政工程的索赔资料进行管理
		3.2 掌握工程索赔的程序	
		3.3 了解工程索赔单据的内容	
		3.4 了解工程索赔的时效	
		3.5 了解工程索赔的确认	

课程名称	市政工程资料管理	学时 64	理论 44 学时 实践 20 学时

	单元	知识点	技能点
教学内容	单元 4. 市政工程竣工资料的管理方法知识点	4.1 掌握竣工资料的编制内容	会对市政工程的竣工资料进行管理
		4.2 掌握竣工资料的编制原则	
		4.3 掌握竣工资料的编制要求	
	单元 5. 市政工程其他技术资料的内容及管理方法知识点	5.1 掌握市政工程其他技术资料的内容	会对市政工程其他技术资料进行管理
		5.2 掌握市政工程其他技术资料的管理方法	

实训项目及内容	项目 1. 市政工程管理资料编制实训 利用校内或校外实训基地，组织学生针对某一具体的市政工程项目中的单位工程进行市政工程管理资料编制 项目 2. 市政工程技术资料编制实训 利用校内或校外实训基地，组织学生针对某一具体的市政工程项目中的单位工程进行市政工程技术资料编制 项目 3. 市政工程质量验收资料编制实训 利用校内或校外实训基地，组织学生针对某一具体的市政工程项目中的单位工程进行市政工程质量验收资料编制 项目 4. 市政工程资料综合归档实训 利用校内或校外实训基地，组织学生针对某一具体的市政工程项目中的单位工程进行市政工程资料综合归档

教学方法建议	建议采用案例教学、现场教学等方法

考核评价要求	本专业课程的考核评价可参考以下内容综合评定： 1. 根据平时成绩和考试（考查）成绩综合评定 2. 课程结束后采取集中周实训，根据实训效果对课程进行评价： （1）实训完成，学生自身评价 （2）实训完成，教师对学生的实训成果考核评价 （3）实训内容的完善性、可行性评价

表 12

课程名称	市政工程项目管理	学时 60	理论 54 学时 实践 6 学时
教学目标	1. 专业能力： (1) 通过学习本专业课程，使学生熟练掌握选择适当的管理措施对项目的各项目标实施有效管理 (2) 能够选择和确定单位工程的施工方案 2. 方法能力：能够利用所学专业知识独立组织项目施工现场管理工作 3. 社会能力： (1) 能够在项目经理的领导下，合理协调各专业班组的施工工作 (2) 具备基本的职业道德，具备自主学习能力		

教学内容	单元	知识点	技能点
	单元 1. 市政工程项目施工管理基本知识	1.1 掌握市政工程项目的建设程序	能够确立项目管理的类型和目标
		1.2 掌握市政工程项目管理的基本内容	
		1.3 熟悉市政工程项目管理的基本类型	
		1.4 掌握市政工程施工方项目管理的目标和任务	
		1.5 了解市政工程项目管理的产生和发展	
	单元 2. 市政工程项目施工管理的目标和组织	2.1 掌握市政工程项目管理常见的组织结构形式及其适用范围	能够建立项目管理的组织机构
		2.2 熟悉组织机构的设置原则	
		2.3 熟悉施工项目管理部的构建	
		2.4 掌握施工项目经理的责权利	
		2.5 熟悉施工项目管理的工作流程	
	单元 3. 市政工程项目范围管理	3.1 市政工程项目范围管理的概念	能够对项目管理进行划分和描述
		3.2 市政工程项目范围管理的主要内容	
		3.3 市政工程项目范围管理的过程	
	单元 4. 市政工程项目风险管理	4.1 熟悉市政工程项目管理风险的类型	能够识别施工过程风险
		4.2 了解市政工程施工风险管理的任务和方法	
	单元 5. 市政工程项目施工成本控制	5.1 熟悉施工成本管理的任务与措施	能够利用各种成本管理手段控制成本
		5.2 掌握施工成本计划的编制依据和编制方法（按施工成本组成编制、按子项目组成编制、按施工进度计划编制）	
		5.3 熟悉施工成本控制的依据（合同、成本计划、进度报告、变更等）	
		5.4 掌握施工成本控制的步骤（比较、分析、预测、纠偏、检查）	
		5.5 熟悉施工成本控制的方法（偏差分析法、价值工程法、挣值法）	
		5.6 熟悉施工成本分析的方法（比较法、因素分析法、差额分析法等）	

课程名称	市政工程项目管理	学时 60	理论 54 学时 实践 6 学时

教学内容	单元	知识点	技能点
教学内容	单元 6. 市政工程项目施工进度管理	6.1 掌握市政工程项目总进度计划目标	能够利用各种控制措施进行进度计划管理
		6.2 掌握市政工程项目进度计划控制的任务	
		6.3 掌握施工方进度计划的类型（控制性进度计划和实施性进度计划）	
		6.4 掌握控制性进度计划的作用	
		6.5 熟悉实施性进度计划的作用	
		6.6 掌握施工方进度计划控制的措施（组织措施、管理措施、经济措施和技术措施）	
	单元 7. 市政工程项目施工质量控制	7.1 熟悉施工质量管理和质量控制的含义	能够利用各种控制措施进行质量管理
		7.2 掌握施工质量的影响因素	
		7.3 掌握施工质量控制的目标	
		7.4 掌握施工质量控制的基本原理	
		7.5 掌握施工质量的过程控制（施工准备阶段、施工过程、竣工验收阶段）	
		7.6 熟悉施工质量事故的分类	
		7.7 熟悉施工质量事故的处理程序	

实训项目及内容	项目 1. 市政工程施工组织设计编制 　　根据给定施工图纸，选择和确定土石方、路基、路面等工程的施工方案，编制单位工程施工方案；根据给定的工期和假设条件合理安排施工进度并编制进度计划；根据给定现场及周围环境确定现场总平图并绘图 项目 2. 市政工程施工管理综合实训 　　针对某市政工程项目，完成工程施工招标文件编制、工程项目施工组织设计与施工图预算编制、确定并设置项目经理部、按文明施工要求布置现场、按给定工期确定施工进度计划（用网络计划和横道图绘制）、工程投标文件编制、施工质量验收资料的编制和汇总

教学方法建议	建议采用项目导向法教学、情景模拟教学、现场教学等方法

考核评价要求	本专业课程的考核评价可参考以下内容综合评定： 1. 根据平时成绩和考试（考查）成绩综合评定 2. 课程结束后采取集中周实训，根据实训效果对课程进行评价： （1）实训完成，学生自身评价 （2）实训完成，教师对学生的实训成果考核评价 （3）实训内容的完善性、可行性评价

3 教学进程安排及说明

3.1 专业教学进程安排（按校内 5 学期安排）

（1）建设工程管理专业（建筑工程管理专业）教学进程安排

建筑工程管理专业方向按校内 5 个学期安排教学计划，各院校可在本教学基本要求的基础上，结合各自学校实际情况，对本教学进程进行调整。

建设工程管理专业（建筑工程管理专业方向）教学进程安排　　　　表 13

课程类别	序号	课程名称	学时			课程按学期安排					
			理论	实践	合计	一	二	三	四	五	六
		一、文化基础课									
	1	思想道德修养与法律基础	50	0	50	√					
	2	毛泽东思想与中国特色社会主义理论体系	60	0	60		√				
	3	形势与政策	20	0	20		√				
	4	国防教育与军事训练	0	36	36	√					
	5	英语	120	0	120	√	√				
	6	体育		80	80	√	√	√			
	7	高等数学	90	0	90						
		小计	340	116	456						
必修课		二、专业课									
	8	建筑与装饰工程材料	27	12	39	√					
	9	工程力学	52	0	52	√					
	10	建筑识图与房屋构造	52	12	64	√					
	11	土力学与工程基础	45	0	45		√				
	12	建筑结构	48	0	48		√				
	13	建筑 CAD	0	45	45		√				
	14	建筑结构识图	52	12	64		√				
	15	建筑工程测量	52	12	64		√				
	16	建筑施工技术★	70	10	80			√			
	17	建筑与装饰工程计量与计价及软件应用★	120	50	170			√	√		
	18	建筑施工组织设计	56	8	64				√		
	19	建筑工程施工质量验收★	44	20	64				√		
	20	建筑工程安全管理与文明施工	36	9	45				√		
	21	工程招投标与合同管理★	54	10	64					√	
	22	建筑工程项目管理★	54	6	60					√	
		小计	767	201	968						

课程类别	序号	课程名称	学时			课程按学期安排					
			理论	实践	合计	一	二	三	四	五	六
选修课		三、限选课									
	23	建筑水电设备安装与识图	45	0	45			✓			
	24	建设工程法规及相关知识	64	0	64			✓			
	25	工程经济	60	0	60				✓		
	26	建筑企业财务管理	56	0	56					✓	
		小计	225	0	225						
		四、任选课									
		小计	90		90						
		合计	1422	317	1739						

注：1. 标注★的课程为专业核心课程；

2. 限选课除本专业教学要求列出课程外，各院校可根据各自发展需要设置相应课程；

3. 任选课由各院校根据各自发展需要设置相应课程。

（2）建设工程管理专业（市政工程管理专业方向）教学进程安排

市政工程管理专业方向按校内 5 个学期安排教学计划，各院校可在本教学基本要求的基础上，结合各自学校实际情况，对本教学进程进行调整。

建设工程管理专业（市政工程管理专业方向）教学进程安排　　　　表 14

课程类别	序号	课程名称	学时			课程按学期安排					
			理论	实践	合计	一	二	三	四	五	六
必修课		一、文化基础课									
	1	思想道德修养与法律基础	50	0	50	✓					
	2	毛泽东思想与中国特色社会主义理论体系	60	0	60		✓				
	3	形势与政策	20	0	20		✓				
	4	国防教育与军事训练	0	36	36	✓					
	5	英语	120	0	120	✓	✓				
	6	体育		80	80	✓	✓	✓			
	7	高等数学	90	0	90	✓					
		小计	340	116	456						
		二、专业课									
	8	市政工程构造与识图	60	30	90	✓					
	9	市政工程材料	32	20	52	✓					
	10	工程造价概论	40		40		✓				
	11	工程力学	48	0	48		✓				
	12	CAD制图	60		60		✓				

课程类别	序号	课程名称	学时			课程按学期安排					
			理论	实践	合计	一	二	三	四	五	六
必修课	13	市政工程测量	54	20	74		✓				
	14	市政工程施工技术★	100	20	120		✓	✓			
	15	市政工程计量与计价及软件应用★	80	40	120			✓	✓		
	16	会计学基础	44	0	44				✓		
	17	工程招投标与合同管理	54	10	64				✓		
	18	市政工程质量验收★	44	20	64				✓		
	19	市政工程资料管理★	44	20	64					✓	
	20	市政工程施工组织设计	44	20	64					✓	
	21	市政工程项目管理★	54	6	60					✓	
		小计	758	206	964						
选修课	三、限选课										
	22	工程经济	48	0	48					✓	
	23	BIM 概论	32	0	32			✓			
	24	市政 BIM 建模软件应用	0	56	56				✓		
	25	建筑企业财务管理	56	0	56					✓	
		小计	136	56	192						
	四、任选课										
		小计	90	0	90						
合计			1324	378	1702						

注：1. 标注★的课程为专业核心课程；

2. 限选课除本专业教学要求列出课程外，各院校可根据各自发展需要设置相应课程；

3. 任选课由各院校根据各自发展需要设置相应课程。

3.2 实践教学安排

（1）建设工程管理专业（建筑工程管理专业方向）实践教学安排

建筑工程管理专业方向的每一门专业课程均支持一至两门专业技能。本专业的专业技能主要有：建筑施工技术技能、建筑与装饰工程计量与计价及软件应用技能、建筑工程施工质量验收与资料管理技能、工程招投标与合同订立技能、建筑施工管理技能等。

为更好地掌握专业技能，各院校可以配置相对应的实训课程，实训内容可以将某个专业技能中核心部分拿出来操作训练，也可以将几个专业技能合并在一起进行操作训练，具体由各院校根据自身特点和条件自定。附录2表1列出了本专业的基本实训项目，基本实训项目应安排学生进行操作训练。基本实训项目以外的为选择实训项目或拓展实训项目，选择实训项目或拓展实训项目由各院校根据自身特色和发展需要自行确定。

序号	项目名称	教学内容	对应课程	学时	实践教学项目按学期安排					
					一	二	三	四	五	六
1	建筑施工图识读与抄绘实训	1. 建筑平面图识读与抄绘 2. 建筑立面图识读与抄绘 3. 建筑剖面图识读与抄绘 4. 建筑详图识读与抄绘	建筑识图与房屋构造	30	✓					
2	混凝土结构施工图识读与大样绘制实训	1. 结构施工图识读 2. 绘制常用钢筋混凝土结构构件的分离配筋图	建筑结构识图	30		✓				
3	建筑施工测量实训	1. 钢尺、水准仪、经纬仪和全站仪的操作与使用 2. 高程测量、角度测量、距离测量和坐标测量 3. 建筑物定位测设、细部测设、轴线投测和高程测设	建筑工程测量	30		✓				
4	钢筋下料及混凝土配料实训	1. 按施工图对构件钢筋进行下料及加工 2. 钢筋施工质量检查 3. 基础、柱、梁、板等钢筋骨架的安装 4. 按混凝土试验室配合比换算成施工配合比并进行混凝土施工配料、搅拌、浇筑及养护	建筑施工技术	30			✓			
5	建筑与装饰工程计量与计价及计价软件应用实训	1. 应用定额计价法编制工程预结算 2. 应用工程量清单计价法编制工程预结算，编制工程量清单的能力，投标报价的能力 3. 工料机分析 4. 应用工程计价软件完成定额计价法计价、工程量清单计价、工料机分析	建筑与装饰工程计量与计价及软件应用	60				✓		
6	建筑工程资料编制实训	1. 编制单位工程、分部分项工程、检验批等施工验收资料 2. 收集整理试验资料 3. 收集整理材料、产品及各种构配件合格文件 4. 收集整理施工过程资料 5. 收集整理竣工资料	建筑工程施工质量验收	30				✓		

序号	项目名称	教学内容	对应课程	学时	实践教学项目按学期安排					
					一	二	三	四	五	六
7	工程招(投)标与合同订立实训	1. 编制招标文件和资格预审文件 2. 根据招标程序进行招标 3. 投标报价、编制、封装投标文件 4. 根据投标程序进行投标 5. 拟定合同条款 6. 合同谈判 7. 签订合同	工程招投标与合同管理	30					√	
8	建设工程施工组织设计编制实训	1. 编制单位工程施工方案 2. 编制单位工程进度计划 3. 编制单位工程施工总平面布置图	建筑工程项目管理	30					√	
合计				270	一周	二周	一周	三周	二周	

注：每周按 30 学时计算。

（2）建设工程管理专业（市政工程管理专业方向）实践教学安排

市政工程管理专业方向的每一门专业课程均支持一至两门专业技能。本专业的专业技能主要有：工程招投标与合同订立技能、市政工程施工技术技能、市政工程施工管理技能等。

为更好地掌握专业技能，各院校可以配置相对应的实训课程，实训内容可以将某个专业技能中核心部分拿出来操作训练、也可以将几个专业技能合并在一起进行操作训练，具体由各院校根据自身特点和条件自定。附录 2 表 1 列出了本专业的基本实训项目，基本实训项目应安排学生进行操作训练。基本实训项目以外的为选择实训项目或拓展实训项目，选择实训项目或拓展实训项目由各院校根据自身特色和发展需要自行确定。

建设工程管理（市政工程管理专业方向）实践教学安排　　　　表 16

序号	项目名称	教学内容	对应课程	学时	实践教学项目按学期安排					
					一	二	三	四	五	六
1	市政工程施工图识读与抄绘实训	1. 市政道路工程施工图识读与抄绘 2. 市政管网工程施工图识读与抄绘 3. 市政桥涵工程施工图识读与抄绘	市政工程构造与识图	30	√					

序号	项目名称	教学内容	对应课程	学时	实践教学项目按学期安排					
					一	二	三	四	五	六
2	市政工程材料检测实训	1. 砂石材料检测实训 2. 石灰和稳定土检测实训 3. 水泥检测实训 4. 混凝土用量集料检测实训 5. 水泥混凝土检测实训 6. 建筑砂浆检测实训 7. 沥青检测实训 8. 沥青混合料检测实训 9. 钢筋检测实训	市政工程材料	30	√					
3	市政工程施工测量实训	1. 道路工程施工放线实训 2. 管网工程施工放线实训 3. 桥涵工程施工放线实训	市政工程测量	60		√				
4	市政工程计量与计价及软件应用实训	1. 应用定额计价法编制工程预结算 2. 应用工程量清单计价法编制工程预结算,编制工程量清单的能力,投标报价的能力 3. 工料机分析 4. 应用工程计价软件完成定额计价法计价、工程量清单计价、工料机分析	市政工程计量与计价及软件应用	60			√	√		
5	工程招(投)标与合同订立实训	1. 编制招标文件和资格预审文件 2. 根据招标程序进行招标 3. 投标报价、编制、封装投标文件 4. 根据投标程序进行投标 5. 拟定合同条款 6. 合同谈判 7. 签订合同	工程招投标与合同管理	30				√		

序号	项目名称	教学内容	对应课程	学时	实践教学项目按学期安排					
---	---	---	---	---	一	二	三	四	五	六
6	市政工程资料编制实训	1. 编制市政工程管理资料 2. 编制市政工程技术资料 3. 编制市政工程质量验收资料 4. 归档整理市政工程资料	（1）市政工程质量验收 （2）市政工程资料管理	30					√	
7	市政工程施工成本计划编制实训	1. 市政工程施工成本计划指标的确定 2. 市政工程各单位工程成本计划编制	市政工程项目管理	30					√	
8	建设工程施工组织设计编制实训	1. 单位工程施工方案的选择和确定 2. 单位工程施工进度计划的确定和编制 3. 编制单位工程施工总平面布置图	（1）市政工程施工组织设计 （2）市政工程项目管理	30					√	
	合计			300	二周	二周	一周	二周	三周	

注：每周按 30 学时计算。

3.3 教学安排说明

（1）在校总周数

在校总周数不少于 100 周。

（2）实行学分制时，专业教育总学分数、学分分配以及学时与学分的折算办法如下：

理论教学课的课时一般按 14～18 个课时计算为一个学分，实践教学一般 30 个课时（或一个集中周训练）计算为一个学分。教学总学时控制在 2900 个课时±5％内，实践教学的学时应不少于总学时的 45％，不高于总学时的 55％，实践教学采用集中周实训的，一周学时按 30 个学时计算，专业实践训练课的学分宜为总学分的 28％左右。

本专业宜实行学分制，学制三年，专业教育总学分按表 17 的要求控制：

建设工程管理专业实践教学安排 表 17

序号	学制	建议学分
1	三年	140～160

高等职业教育建设工程管理专业校内实训及校内实训基地建设导则

1 总　　则

1.0.1 为了加强和指导高等职业教育建设工程管理专业校内实训教学和实训基地建设，强化学生实践能力，提高人才培养质量，特制定本导则。

1.0.2 本导则依据建设工程管理专业学生的专业知识和专业技能的基本要求制定，是《高等职业教育建设工程管理专业教学基本要求》的重要组成部分。

1.0.3 本导则适用于建设工程管理专业校内实训教学和实训基地建设。

1.0.4 本专业校内实训应与校外实训相互衔接，实训基地应与其他相关专业及课程的实训实现资源共享。

1.0.5 建设工程管理专业校内实训教学和实训基地建设，除应符合本导则外，尚应符合国家现行标准、政策的有关规定。

2 术　　语

2.0.1 实训

在学校控制状态下，按照人才培养规律与目标，对学生进行职业能力训练的教学过程。

2.0.2 基本实训项目

与专业培养目标联系紧密，应当开设，且学生必须在校内完成的职业能力训练项目。

2.0.3 选择实训项目

与专业培养目标联系紧密，应当开设，但可根据学校实际情况选择在校内或校外完成的职业能力训练项目。

2.0.4 拓展实训项目

与专业培养目标相联系，体现学校和专业发展特色，可在学校开展的职业能力训练项目。

2.0.5 实训基地

实训教学实施的场所，包括校内实训基地和校外实训基地。

2.0.6 共享性实训基地

与其他院校、专业、课程共用的实训基地。

2.0.7 理实一体化教学法

即理论实践一体化教学法，将专业理论课与专业实践课的教学环节进行整合，通过设定的教学任务，实现边教、边学、边做。

3 校内实训教学

3.1 一般规定

3.1.1 建设工程管理专业必须开设本导则规定的基本实训项目，且应在校内完成。

3.1.2 建设工程管理专业应开设本导则规定的选择实训项目，且宜在校内完成。

3.1.3 学校可根据本校专业特色，选择开设拓展实训项目。

3.1.4 实训项目的训练环境宜符合建设工程的真实环境。

3.1.5 本章所列实训项目，可根据学校所采用的课程模式、教学模式和实训教学条件，采取理实一体化教学或独立与理论教学进行训练；可按单个项目开展训练或多个项目综合开展训练。

3.2 基本实训项目

3.2.1 建设工程管理专业（建筑工程管理专业方向）的校内基本实训项目应包括建筑施工图识读与抄绘实训、混凝土施工图识读与大样绘制实训、钢筋下料及混凝土配料实训、建筑施工测量实训、建筑与装饰工程计量与计价及计价软件应用实训、建设工程施工组织设计编制实训、建筑工程资料编制实训、工程招（投）标与合同订立实训等八项实训项目。

3.2.2 建设工程管理专业（市政工程管理专业方向）的校内基本实训项目应包括市政工程施工图识读与抄绘实训、市政工程施工测量实训、市政工程材料检测实训、工程招（投）标与合同订立实训、市政工程计量与计价及软件应用实训、市政工程施工成本计划编制实训、市政工程资料编制实训、建设工程施工组织设计编制实训等八项实训项目。

3.2.3 建设工程管理专业的基本实训项目应符合表1的要求。

建设工程管理专业的基本实训项目 表1

序号	实训项目	能力目标	实训内容	实训方式	评价要求
1★	建筑施工图识读与抄绘实训	能识读一般建筑施工图	1. 建筑平面图识读与抄绘 2. 建筑立面图识读与抄绘 3. 建筑剖面图识读与抄绘 4. 建筑详图识读与抄绘	识图与抄绘	用真实的工程施工图纸作为评价载体，按照读图的程序，根据学生读图速度、对图纸内容领会的准确度、图纸的认知程度和综合对应程度进行评价
2★	混凝土结构施工图识读与大样绘制实训	能识读一般结构施工图并能对常用构件钢筋进行翻样	1. 结构施工图识读 2. 绘制常用钢筋混凝土结构构件的分离配筋图	识图与绘制	用真实的工程施工图纸作为评价载本，按照读图的程序，根据学生读图速度、对图纸内容领会的准确度、图纸的认知程度和综合对应程度进行评价

序号	实训项目	能力目标	实训内容	实训方式	评价要求
3☆	市政工程施工图识读与抄绘实训	能识读一般市政工程施工图	1. 市政道路工程施工图识读与抄绘 2. 市政管网工程施工图识读与抄绘 3. 市政桥涵工程施工图识读与抄绘	识图与抄绘	用真实的市政工程施工图纸作为评价载体，按照读图的程序，根据学生读图速度、对图纸内容领会的准确度、图纸的认知程度和综合对应程度进行评价
4★	建筑施工测量实训	1. 能够正确操作与使用水准仪、经纬仪、钢尺和全站仪，进行高程测量、角度测量、距离测量和坐标测量 2. 能够利用常用测量仪器和工具进行平面位置和高程位置的放样，具有计算和准备放样数据的能力，具有建筑施工测量的能力	1. 钢尺、水准仪、经纬仪和全站仪的操作与使用 2. 高程测量、角度测量、距离测量和坐标测量 3. 建筑物定位测设、细部测设、轴线投测和高程测设	实操	根据实训的过程表现和成果质量进行评价
5☆	市政工程施工测量实训	1. 能够正确操作与使用水准仪、经纬仪、钢尺和全站仪，进行高程测量、角度测量、距离测量和坐标测量 2. 能够利用常用测量仪器和工具进行平面位置和高程位置的放样，具有计算和准备放样数据的能力，具有市政工程施工测量的能力	1. 市政道路工程施工放线 2. 市政管网工程施工放线 3. 市政桥涵工程施工放线	实操	根据实训的过程表现和成果质量进行评价
6☆	市政工程材料检测实训	1. 能利用检测仪器和设备对市政工程材料进行材料性能检测 2. 能根据试验结果填写市政工程材料取样及送检表格	1. 砂石材料检测实训 2. 石灰和稳定土检测实训 3. 水泥检测实训 4. 混凝土用量集料检测实训 5. 水泥混凝土检测实训 6. 建筑砂浆检测实训 7. 沥青检测实训 8. 沥青混合料检测实训 9. 钢筋检测实训	实操	根据实训操作过程和完成结果进行评价

序号	实训项目	能力目标	实训内容	实训方式	评价要求
7★	钢筋下料及混凝土配料实训	1. 能按施工图对构件钢筋进行下料 2. 能对钢筋安装进行施工质量的检查 3. 能按混凝土试验室配合比换算成施工配合比并拌制混凝土	1. 按施工图对构件钢筋进行下料及加工 2. 基础、柱、梁、板等钢筋骨架的安装 3. 钢筋施工质量检查 4. 按混凝土试验室配合比换算成施工配合比并进行混凝土施工配料、搅拌、浇筑及养护	实操	根据实训操作过程和完成结果进行评价
8★	建筑与装饰工程计量与计价及计价软件应用实训	1. 能够应用定额计价法编制工程预结算 2. 能够应用工程量清单计价法编制工程预结算，具有编制工程量清单的能力，具有编制投标报价的能力 3. 具有工料机分析的能力 4. 能够应用工程计价软件完成定额计价法计价、工程量清单计价、工料机分析的能力	1. 应用定额计价法编制工程预结算 2. 应用工程量清单计价法编制工程预结算，编制工程量清单，编制投标报价 3. 工料机分析 4. 应用工程计价软件完成定额计价法计价、工程量清单计价、工料机分析	实操	根据实训操作过程和完成结果进行评价
9☆	市政工程计量与计价及软件应用实训	1. 能够应用定额计价法编制工程预结算 2. 能够应用工程量清单计价法编制工程预结算，具有编制工程量清单的能力，具有编制投标报价的能力 3. 具有工料机分析的能力 4. 能够应用工程计价软件完成定额计价法计价、工程量清单计价、工料机分析的能力	1. 应用定额计价法编制工程预结算 2. 应用工程量清单计价法编制工程预结算，编制工程量清单，编制投标报价 3. 工料机分析 4. 应用工程计价软件完成定额计价法计价、工程量清单计价、工料机分析	实操	根据实训操作过程和完成结果进行评价
10☆	市政工程施工成本计划编制实训	1. 能结合工程实际情况确定市政工程施工成本计划指标 2. 能编制市政工程各单位工程成本计划	1. 编制单位工程竞争性成本计划 2. 编制单位工程指导性成本计划 3. 编制单位工程实施性成本计划 4. 对成本进行风险分析	实操	根据实训操作过程和完成结果进行评价

序号	实训项目	能力目标	实训内容	实训方式	评价要求
11★	建筑工程资料编制实训	1. 能结合当地质监部门要求收集、整理和编制施工过程验收资料、竣工验收资料 2. 能熟练使用资料软件	1. 编制单位工程、分部分项工程、检验批等施工验收资料 2. 收集整理试验资料 3. 收集整理材料、产品及各种构配件合格文件 4. 收集整理施工过程资料 5. 收集整理竣工资料	实操	根据实训操作过程和完成结果进行评价
12☆	市政工程资料编制实训	1. 能结合当地质监部门要求收集、整理和编制施工过程验收资料、竣工验收资料 2. 能熟练使用资料软件	1. 编制市政工程管理资料 2. 编制市政工程技术资料 3. 编制市政工程质量验收计划 4. 归档整理市政工程资料	实操	根据实训操作过程和完成结果进行评价
13	工程招（投）标与合同订立实训	1. 能根据某项目编制招标文件，熟悉招标程序并会进行招标操作 2. 能根据某项目编制投标文件，熟悉投标程序并会进行投标操作 3. 能拟订一般性的建筑工程合同条款 4. 能签订有效合同	1. 编制招标文件 2. 会编写投标文件 3. 会投标报价及对投标文件进行签署、盖章、标记、装订和包封 4. 拟定合同条款 5. 合同谈判 6. 签订合同	实操	根据实训操作过程和完成结果进行评价
14	建设工程施工组织设计编制实训	能够按照给定的一栋多层建筑施工图编制施工方案	1. 编制单位工程施工方案 2. 编制单位工程进度计划 3. 编制单位工程施工总平面布置图	实操	根据实训操作过程和完成结果进行评价

注：1. 表中序号无"★"或"☆"的实训为建设工程管理专业两个专业方向均开展的基本实训项目。
　　2. 表中序号带"★"的为建筑工程管理专业方向开展的基本实训项目。
　　3. 表中序号"☆"的为市政工程管理专业方向开展的基本实训项目。

3.3 选 择 实 训 项 目

3.3.1 建设工程管理专业（建筑工程管理专业方向）的选择实训项目应包括建筑材料检

测实训、建筑工程算量软件应用实训、建筑工程施工质量验收实训、建筑工程资料管理软件应用实训、建筑施工管理综合实训等五项实训项目。

3.3.2 建设工程管理专业（市政工程管理专业方向）的选择实训项目应包括市政工程材料检测实训、市政工程算量软件应用实训、市政工程质量验收实训、市政工程资料管理软件应用实训、市政工程施工管理综合实训等五项实训项目。

3.3.3 建设工程管理专业的选择实训项目应符合表 2 的要求。

建设工程管理专业的选择实训项目　　　　　　　　　　　　　　　　表 2

序号	实训项目	能力目标	实训内容	实训方式	评价要求
1★	建筑材料检测实训	能对常用建筑材料的质量进行检测	水泥、砂石、混凝土、钢筋及一般砌墙材料的质量检测	实操	根据实训过程、完成时间、实训结果、团队协作及试训后的场地整理进行评价
2☆	市政工程材料检测实训	能对常用市政工程材料的质量进行检测	水泥、砂石、混凝土、钢筋及圬工类材料的质量检测	实操	根据实训过程、完成时间、实训结果、团队协作及试训后的场地整理进行评价
3★	建筑工程算量软件应用实训	能熟练使用图形算量软件和钢筋抽样软件	1. 工程量清单编制和工程计量 2. 钢筋工程量的计算	实操	根据实训操作过程和完成结果进行评价
4☆	市政工程算量软件应用实训	能熟练使用图形算量软件和表格算量软件	1. 工程量清单编制和工程计量 2. 混凝土模板工程量的计算	实操	根据实训操作过程和完成结果进行评价
5★	建筑工程施工质量验收实训	能对地基基础工程、主体结构工程、屋面工程、建筑装饰与装修工程进行质量验收	1. 地基基础工程质量验收 2. 主体结构工程质量验收 3. 屋面工程质量验收 4. 建筑装饰与装修工程质量验收	实操	根据实训操作过程和完成结果进行评价
6☆	市政工程质量验收实训	能对市政土石方工程、市政道路工程、市政管道工程、市政桥涵护岸工程进行质量验收	1. 市政土石方工程质量验收 2. 市政道路工程质量验收 3. 市政管道工程质量验收 4. 市政桥涵护岸工程工程质量验收	实操	根据实训操作过程和完成结果进行评价

序号	实训项目	能力目标	实训内容	实训方式	评价要求
7★	建筑工程资料管理软件应用实训	能熟练使用建筑工程资料管理软件编制施工验收资料	利用建筑工程资料管理软件编制单位工程、分部分项工程、检验批等施工验收资料	实操	根据实训操作过程和完成结果进行评价
8☆	市政工程资料管理软件应用实训	能熟练使用市政工程资料管理软件编制施工验收资料	利用市政工程资料管理软件编制单位工程、分部分项工程、检验批等施工验收资料	实操	根据实训操作过程和完成结果进行评价
9★	建筑施工管理综合实训	能参与工程招（投）标和组织一般土建工程施工与管理	1. 工程招标 2. 施工组织设计与施工图预算编制 3. 项目经理部设置 4. 文明施工现场布置 5. 施工进度计划编制 6. 工程投标 7. 施工质量验收资料的编制和汇总	文件编制与实操	根据学生对工程各种技术经济文件的编制和组织管理情况，参照《建设工程项目管理规范》GB/T 50326—2017规定进行评价
10☆	市政工程施工管理综合实训	能参与工程招（投）标和组织市政工程施工与管理	1. 工程招标 2. 施工组织设计与施工图预算编制 3. 项目经理部设置 4. 文明施工现场布置 5. 施工进度计划编制 6. 工程投标 7. 施工质量验收资料的编制和汇总	文件编制与实操	根据学生对工程各种技术经济文件的编制和组织管理情况，参照《建设工程项目管理规范》GB/T 50326—2017规定进行评价

注：1. 表中序号带"★"的为建筑工程管理专业方向开展的选择实训项目。

2. 表中序号带"☆"的为市政工程管理专业方向开展的选择实训项目。

3.4 拓 展 实 训 项 目

3.4.1 建设工程管理专业可根据本校专业特色，自主开设拓展实训项目。

3.4.2 建设工程管理专业开设的拓展实训项目宜符合表 3 的要求。

建设工程管理专业的拓展实训项目　　　　　　　　　　　　　表 3

序号	实训项目	能力目标	实训内容	实训方式	评价要求
1★	工料机分析实训	1. 能进行工料机分析 2. 会应用工料机分析结果进行材料计划	完成工料机分析报表	实操	根据实训操作过程和完成结果进行评价

序号	实训项目	能力目标	实训内容	实训方式	评价要求
2★	设计变更及签证计价实训	1. 能完成设计变更工程相应计价 2. 能完成签证工程计价	1. 设计变更工程计价 2. 签证工程计价	实操	根据实训操作过程和完成结果进行评价
3★	合同变更管理实训	能进行合同变更管理和签证管理	1. 合同变更管理 2. 签证管理	实操	根据实训操作过程和完成结果进行评价
4★	施工索赔管理实训	1. 会编制索赔报告 2. 会提交索赔报告 3. 能进行索赔谈判	1. 编制索赔报告 2. 提交索赔报告 3. 索赔谈判	实操	根据实训操作过程和完成结果进行评价
5★	建筑工程安全管理与文明施工方案编制实训	能按照国家现行的安全和文明施工要求编制施工方案	编制一栋多层建筑的安全和文明施工方案	实操	根据国家现行的安全和文明施工要求对实训操作过程和完成结果进行评价
6☆	市政工程安全管理与文明施工方案编制实训	能按照国家现行的安全和文明施工要求编制施工方案	编制一项市政高等级道路的安全和文明施工方案	实操	根据国家现行的安全和文明施工要求对实训操作过程和完成结果进行评价
7★	建筑工程 BIM 类软件综合管理实训	会利用相关 BIM 类软件对建筑工程进行建模，并对工程模拟进行质量、成本和进度的综合管理	编制一项建筑工程的项目管理计划书	实操	根据国家现行的施工管理规范对实训操作过程和完成结果进行评价
8☆	市政工程 BIM 类软件综合管理实训	会利用相关 BIM 类软件对市政工程进行建模，并对工程模拟进行质量、成本和进度的综合管理	编制一项市政工程的项目管理计划书	实操	根据国家现行的施工管理规范对实训操作过程和完成结果进行评价

注：1. 表中序号带"★"的为建筑工程管理专业方向开展的选择实训项目。
 2. 表中序号带"☆"的为市政工程管理专业方向开展的选择实训项目。

3.5 实 训 教 学 管 理

3.5.1 各院校应将实训教学项目列入专业培养方案，所开设的实训项目应符合本导则要求。

3.5.2 每个实训项目应有独立的教学大纲和考核标准。

3.5.3 学生的实训成绩应在学生学业评价中占适当比例，独立开设的实训项目应单独记载成绩。

4 校内实训基地

4.1 一 般 规 定

4.1.1 校内实训基地的建设，应符合下列原则和要求：

（1）因地制宜、开拓创新，具有实用性、先进性和效益性，满足学生职业能力培养的需要；

（2）源于现场、高于现场，尽可能体现真实的职业环境，体现本专业领域新材料、新技术、新工艺、新设备；

（3）实训设备应优先选用国家标准设备。

4.1.2 各院校应根据学校区位、行业和专业特点，积极开展校企合作。探索共同建设生产性实训基地的有效途径，积极探索虚拟工艺、虚拟现场等实训新手段。

4.1.3 各院校应根据区域学校、专业以及企业布局情况，统筹规划、建设共享型实训基地，努力实现实训资源共享，发挥实训基地在实训教学、员工培训、技术研发等多方面的作用。

4.2 校内实训基地建设

4.2.1 基本实训项目的实训设备（设施）和实训室（场地）是开设本专业的基本条件，各院校应达到本节要求。

选择实训项目、拓展实训项目在校内完成时，其实训设备（设施）和实训室（场地）应符合本节要求。

4.2.2 建设工程管理专业校内实训基地的场地最小面积、主要设备（设施）名称及数量应符合表 4～表 20 的要求。

注：本导则按照 1 个教学班实训计算实训设备（设施）。

施工图识读与抄绘实训设备配置标准　　　　表 4

序号	实训任务	实训类别	主要设备（设施）名称	单位	数量	实训室（场地）面积
1	建筑施工图识读与抄绘实训（混凝土结构施工图识读与大样绘制实训）	基本实训	1. 建筑施工图、结构施工图、市政工程施工图 2. 图板 3. 丁字尺 4. 三角板 5. 绘图桌椅	套	50	不小于 120m²

建筑施工测量实训设备配置标准 表 5

序号	实训任务	实训类别	主要设备（设施）名称	单位	数量	实训室（场地）面积
1	建筑施工测量实训	基本实训	钢尺	把	12	不小于 120m²
			水准仪	台	12	
			经纬仪	台	12	
			全站仪	台	12	
			标尺	把	24	
			激光垂准仪	把	12	

钢筋下料及混凝土配料实训设备配置标准 表 6

序号	实训任务	实训类别	主要设备（设施）名称	单位	数量	实训室（场地）面积
1	钢筋下料及混凝土配料实训	基本实训	1. 工具式钢模板、木模板及木工机械 2. 钢筋工作台、钢筋切断机、钢筋调直机、钢筋弯曲机、弧焊机、对焊机、电渣压力焊机、钢筋套丝机、钢筋挤压机、操作及检测工具	套（台）	6	不小于 300m²
			计量设备、混凝土搅拌机、插入式混凝土振捣器、平板振动器	套	6	

建筑与装饰工程计量与计价及软件应用实训设备配置标准 表 7

序号	实训任务	实训类别	主要设备（设施）名称	单位	数量	实训室（场地）面积
1	建筑与装饰工程计量与计价及软件应用实训	基本实训	1. 电脑	台	50	不小于 120m²
			2. 计价软件网络版（50 节点）	套	1	
			3. 激光 A4 打印机	台	4	
			4. 1.5m×2.0m方桌 10 张及椅子 50 把			
			5. 多媒体投影设备	套	1	

建筑工程资料编制实训设备配置标准 表 8

序号	实训任务	实训类别	主要设备（设施）名称	单位	数量	实训室（场地）面积
1	建筑工程资料编制实训	基本实训	电脑	台	50	不小于70m²
2	建筑工程资料管理软件应用实训	选择实训	资料管理软件（网络版50个接口）	套	1	

工程招（投）标与合同订立实训设备配置标准 表 9

序号	实训任务	实训类别	主要设备（设施）名称	单位	数量	实训室（场地）面积
1	工程招（投）标与合同订立实训	基本实训	电脑	台	50	不小于120m²
			大椭圆桌	套	1	
			排椅	套	1	
			投影仪、话筒	个	各1个	
			工作标牌	个	22	
			印章	个	18	
			剪刀	把	4	
			计算器	个	5	
			印章：发包人和投标人法人公章若干、发包人和投标人法定代表人印章若干枚			

建设工程施工组织设计编制实训设备配置标准 表 10

序号	实训任务	实训类别	主要设备（设施）名称	单位	数量	实训室（场地）面积
1	建设工程施工组织设计编制实训	基本实训	施工现场配套设施（沙盘）	套	10	不小于200m²
			投影仪、电脑	套	1	
			桌椅、资料等	套	10	

建筑材料检测实训设备配置标准 表 11

序号	实训任务	实训类别	主要设备（设施）名称	单位	数量	实训室（场地）面积
1	建筑材料检测实训	选择实训	水泥净浆搅拌机	台	8	不小于120m²
			水泥胶砂搅拌机	台	5	
			水泥胶砂振实台	台	4	
			电子天平	台	8	
			水泥标准稠度测定仪	台	8	

序号	实训任务	实训类别	主要设备（设施）名称	单位	数量	实训室（场地）面积
1	建筑材料检测实训	选择实训	水泥全自动压力机	台	2	不小于120m²
			新标准水泥跳桌	台	4	
			电动抗折试验机	台	3	
			砂浆稠度仪	台	4	
			砂浆分层度仪	台	4	
			水泥混凝土恒温恒湿养护箱	台	2	
			水泥快速养护箱	台	2	
			分样筛振摆仪	台	4	
			电热鼓风干燥箱	台	1	
			新标准砂石筛	台	8	

建筑工程施工质量验收实训设备配置标准　　　　　　　　**表 12**

序号	实训任务	实训类别	主要设备（设施）名称	单位	数量	实训室（场地）面积
1	建筑工程施工质量验收实训	选择实训	具有混凝土墙、柱、梁和板等构件的样板间	间	1	不小于300m²
			具有砖基础、砖墙、砖柱等构件的样板间	间	1	
			已完成抹灰工程及门窗安装的样板间	间	1	
			靠尺、塞尺、卷尺、钢针、小锤、线锤等	套	10	

建筑施工管理综合实训设备配置标准　　　　　　　　**表 13**

序号	实训任务	实训类别	主要设备（设施）名称	单位	数量	实训室（场地）面积
1	建筑施工管理综合实训	选择实训	施工现场项目部配套设施	套	10	不小于200m²
			施工现场配套设施（沙盘）	套	10	
			投影仪、桌椅、资料等	套	1	

市政工程施工图识读与抄绘实训设备配置标准　　　　　　　　**表 14**

序号	实训任务	实训类别	主要设备（设施）名称	单位	数量	实训室（场地）面积
1	市政工程施工图识读与抄绘实训	基本实训	1. 市政工程施工图、结构施工图 2. 图板 3. 丁字尺 4. 三角板 5. 绘图桌椅	套	50	不小于120m²

市政工程施工测量实训设备配置标准　　表 15

序号	实训任务	实训类别	主要设备（设施）名称	单位	数量	实训室（场地）面积
1	市政工程施工测量实训	基本实训	钢尺	把	12	不小于 120m²
			水准仪	台	12	
			经纬仪	台	12	
			全站仪	台	12	
			标尺	把	24	
			激光垂准仪	把	12	

市政工程材料检测实训设备配置标准　　表 16

序号	实训任务	实训类别	主要设备（设施）名称	单位	数量	实训室（场地）面积
1	市政工程材料检测实训	选择实训	水泥净浆搅拌机	台	8	不小于 120m²
			水泥胶砂搅拌机	台	5	
			水泥胶砂振实台	台	4	
			电子天平	台	8	
			水泥标准稠度测定仪	台	8	
			水泥全自动压力机	台	2	
			新标准水泥跳桌	台	4	
			电动抗折试验机	台	3	
			砂浆稠度仪	台	4	
			砂浆分层度仪	台	4	
			水泥混凝土恒温恒湿养护箱	台	2	
			水泥快速养护箱	台	2	
			分样筛振摆仪	台	4	
			电热鼓风干燥箱	台	1	
			新标准砂石筛	台	8	

市政工程计量与计价及软件应用实训设备配置标准　　表 17

序号	实训任务	实训类别	主要设备（设施）名称	单位	数量	实训室（场地）面积
1	市政工程计量与计价及软件应用实训	基本实训	1. 电脑	台	50	不小于 120m²
			2. 计价软件网络版（50 节点）	套	1	
			3. 激光 A4 打印机	台	4	
			4. 1.5m×2.0m 方桌 10 张及椅子 50 把			
			5. 多媒体投影设备	套	1	

市政工程施工成本计划编制实训设备配置标准　　　　　表 18

序号	实训任务	实训类别	主要设备（设施）名称	单位	数量	实训室（场地）面积
1	市政工程施工成本编制实训	基本实训	1. 电脑	台	50	不小于 120m²
			2. 计价软件网络版（50 节点）	套	1	
			3. 激光 A4 打印机	台	4	
			4. 1.5m×2.0m方桌 10 张及椅 50 把			
			5. 多媒体投影设备	套	1	

市政工程资料编制实训设备配置标准　　　　　表 19

序号	实训任务	实训类别	主要设备（设施）名称	单位	数量	实训室（场地）面积
1	市政工程资料编制实训	基本实训	电脑	台	50	不小于 70m²
2	市政工程资料管理软件应用实训	选择实训	资料管理软件（网络版 50 个接口）	套	1	

市政工程施工管理综合实训设备配置标准　　　　　表 20

序号	实训任务	实训类别	主要设备（设施）名称	单位	数量	实训室（场地）面积
1	市政工程施工管理综合实训	选择实训	施工现场项目部配套设施	套	10	不小于 200m²
			施工现场配套设施（沙盘）	套	10	
			投影仪、桌椅、资料等	套	1	

4.3 校内实训基地运行管理

4.3.1 学校应设置校内实训基地管理机构，对实践教学资源进行统一规划，有效使用。

4.3.2 校内实训基地应配备适当数量的专职管理人员，负责日常管理。

4.3.3 学校应建立并不断完善校内实训基地管理制度和相关绩效评价规定，使实训基地的运行科学有序，探索开放式管理模式，充分发挥校内实训基地在人才培养中的作用。

4.3.4 学校应定期对校内实训基地设备进行检查和维护，保证设备的正常安全运行。

4.3.5 学校应有足额资金的投入，保证校内实训基地的运行和设施更新。

4.3.6 学校应建立校内实训基地考核评价制度，形成完整的校内实训基地考评体系。

5 实训师资

5.1 一般规定

5.1.1 实训教师应履行指导实训、管理实训学生和对实训进行考核评价的职责。实训教师可以专兼职。

5.1.2 学校应建立实训教师队伍建设的制度和措施，有计划对实训教师进行培训。

5.2 实训师资数量及结构

5.2.1 学校应依据实训教学任务、学生人数合理配置实训教师，每个实训项目不宜少于2人。

5.2.2 各院校应努力建设专兼结合的实训教师队伍，专兼职比例宜为1∶1。

5.3 实训师资能力及水平

5.3.1 学校专任实训教师应熟练掌握相应实训项目的技能，宜具有工程实践经验及相关职业资格证书，具备中级（含中级）以上专业技术职务。

5.3.2 企业兼职实训教师应具备本专业理论知识和实践经验，经过教育理论培训；指导工种实训的兼职教师应具备相应专业技术等级证书，其余兼职教师应具有中级及以上专业技术职务。

本导则引用标准

1. 《建筑工程施工质量验收统一标准》GB 50300

2. 《建筑地基基础工程施工质量验收标准》GB 50202

3. 《混凝土结构工程施工质量验收规范》GB 50204

4. 《砌体结构工程施工质量验收规范》GB 50203

5. 《钢结构工程施工质量验收规范》GB 50205

6. 《建筑装饰装修工程质量验收标准》GB 50210

7. 《屋面工程质量验收规范》GB 50207

8. 《建筑施工安全检查标准》JGJ 59

9. 《混凝土结构设计规范》GB 50010

10. 《混凝土结构施工图平面整体表示方法制图规则和构造详图》16G101

11. 《建筑节能工程施工质量验收规范》GB 50411

12. 《建设工程工程量清单计价规范》GB 50500

13.《建设工程项目管理规范》GB/T 50326

14.《建筑施工组织设计规范》GB/T 50502

15.《城市道路工程设计规范》CJJ 37

16.《公路路基设计规范》JTGD30

17.《公路路面基层施工技术细则》JTG/T F20

18.《公路沥青路面施工技术规范》JTG F40

19.《无障碍设计规范》GB 50763

20.《城镇道路工程施工与质量验收规范》CJJ 1

21.《公路工程抗震规范》JTG B02

22.《公路沥青路面设计规范》JTG D50

本导则用词说明

为了便于在执行本导则条文时区别对待，对要求严格程度不同的用词说明如下：

1. 表示很严格，非这样做不可的用词：

正面词采用"必须"；

反面词采用"严禁"。

2. 表示严格，在正常情况下均应这样做的用词：

正面词采用"应"；

反面词采用"不应"或"不得"。

3. 表示允许稍有选择，在条件许可时首先应这样做的用词：

正面词采用"宜"或"可"；

反面词采用"不宜"。

高等职业教育建设工程管理
专业顶岗实习标准

1 总　　则

1.0.1 为了推动建设工程管理专业校企合作、工学结合人才培养模式改革，保证顶岗实习效果，提高人才培养质量，特制定本标准。

1.0.2 本标准依据建设工程管理专业学生的专业能力和知识的基本要求制定，是《高等职业教育建设工程管理专业教学基本要求》的重要组成部分。

1.0.3 本标准是学校组织实施建设工程管理专业顶岗实习的依据，也是学校、企业合作建设建设工程管理专业顶岗实习基地的标准。

1.0.4 建设工程管理专业顶岗实习应达到的教学目标是：

（1）培养遵纪守法、实事求是、勤奋爱岗敬业、细致认真、精益求精工作作风。

（2）培养独立分析问题、解决问题的能力，以及具有良好的沟通和团队合作的能力。

（3）使学生对企业组织机构与职能、企业的运作方式有进一步的了解，获取初步的职业岗位工作经验。

（4）使学生加深对所学专业知识的理解，掌握好专业技能并在实习中获得进一步的提升，达到毕业与上岗无缝对接。

1.0.5 建设工程管理专业的顶岗实习，除应执行本标准外，尚应执行《高等职业教育建设工程管理专业教学基本要求》的有关规定。

2 术　　语

2.0.1 顶岗实习

指职业院校根据专业培养目标要求，组织学生以准员工的身份进入企（事）业等单位专业对口的工作岗位，直接参与实际工作过程，完成一定工作任务，以获得初步的岗位工作经验、养成正确职业素养的一种实践性教学形式。

2.0.2 顶岗实习基地

指具有独立法人资格，具备接受一定数量学生顶岗实习的条件，愿意接纳顶岗实习，并与学校具有稳定合作关系的企（事）业等单位。

2.0.3 实习经费

实习经费包括由学校和企业支出的两部分费用。学校支出费用主要是指配备指导教师和管理学生发生的各项费用；企业支出费用主要是指为顶岗实习学生提供实习条件和配备指导教师发生的各项费用。

2.0.4 指导教师

指导教师包括企业指导教师和学校指导教师，是指学生在顶岗实习阶段根据培养目标要求配置的专业教师。

3 实习基地条件

3.1 一般规定

3.1.1 学校应建立稳定的顶岗实习基地。顶岗实习基地应建立在具有独立法人资格、自愿接纳顶岗实习的建筑业企业、工程管理咨询企业、工程招标代理企业等单位。

3.1.2 顶岗实习基地应具备以下基本条件：

（1）有常设的实习管理机构和专职管理人员。

（2）有健全的生实习管理制度、办法。

（3）有完备的劳动保护和职业卫生条件。

（4）能提供本专业培养目标相适应的职业岗位，并宜对学生实施轮岗实训。

（5）具备符合学生实训的场所和设施，具备必要的学习及生活条件，并配置专业人员指导学生实训。

3.1.3 顶岗实习基地应有完善的任务书和指导书：

（1）有按专业培养方案要求制定的顶岗实习的任务书。

（2）有与职业工作内容相结合的岗位工作指导书。

3.2 资质与资信

3.2.1 建设工程管理专业（建筑工程管理专业方向）的实习基地应具有建筑工程施工总承包二级及以上资质及地基基础工程专业承包等相关建筑工程类专业承包二级及以上资质的建筑业企业；房屋建筑乙级及以上的工程监理企业资质的企业；工程招标代理机构等。

3.2.2 建设工程管理专业（市政工程管理专业方向）的实习基地应选择二级及以上资质的市政工程施工总承包和专业承包企业、乙级及以上工程造价咨询单位。

3.2.3 实习基地的企业单位应具有良好的社会信誉、较高的管理水平、充足的技术管理力量和人员。

3.3 场地与设施

3.3.1 建设工程管理专业（建筑工程管理专业方向）的实训场地要求：

（1）中型及以上规模的建筑工程项目部。

（2）具有可提供3人及以上的实习岗位的建筑业企业。

（3）具有可提供3人及以上的实习岗位的建设工程管理咨询企业、工程招标代理机构。

3.3.2 建设工程管理专业（建筑工程管理专业方向）的实训设施要求：

（1）企业有可以提供建筑、装饰、安装等施工管理实训的场地。

（2）企业有建筑市场广泛使用的建筑工程项目管理、建筑工程资料管理及招（投）标管理等相关软件。

3.3.3 建设工程管理专业（市政工程管理专业方向）的实训场地必须能满足实习学生进行工程造价实习，手工编制工程预算、清单计价等。

3.3.4 建设工程管理专业（市政工程管理专业方向）的顶岗实习单位应当有能满足实习学生进行电算化的电脑等实训设施。

3.4 岗 位 与 人 员

3.4.1 建设工程管理专业（建筑工程管理专业方向）学生主要在项目经理助理、施工员、招（投）标员和资料员岗位实习。

3.4.2 建设工程管理专业（市政工程管理专业方向）顶岗实习单位应当设有市政预算员、资料员、招投标员等岗位，以方便实习学生进行专业的顶岗实习，并配置专业人员指导学生实训。

3.4.3 每个企业应接受 3 人及以上的实习学生。

4 实习内容与实施

4.1 一 般 规 定

4.1.1 学校应根据顶岗实习内容选择适宜的工程项目。

4.1.2 建设工程管理专业（建筑工程管理专业方向）顶岗实习岗位应包括项目经理助理、施工员，并宜包括资料员、招（投）标员。

4.1.3 建设工程管理专业（市政工程管理专业方向）顶岗实习岗位应包括市政资料员，并宜包括市政预算员、招（投）标员。

4.1.4 顶岗实习的内容和时间安排应与专项技能实训、综合实训有机衔接。

4.2 实 习 时 间

4.2.1 顶岗实习时间不应少于一学期，宜安排在第六学期进行。各学校宜利用假期等适当延长定岗实习时间。

4.2.2 现场施工管理、工程造价、建设工程资料管理、招（投）标文件编制工作实习时间不宜少于 8 周，与施工管理等相关的其他工作实习时间不宜少于 4 周。

4.3 实习内容及要求

4.3.1 建设工程项目管理员（中小型项目经理助理）岗位的实习内容及要求应符合表 1 的要求。

序号	实习项目	实习内容	实习目标	实习要求
1	建筑工程项目管理	（1）参与施工组织设计及施工方案编制 （2）参与图纸会审等相关工作 （3）参与施工现场的施工管理 （4）参与项目部对外工作联系函的拟定，以及施工签证和索赔等工作	1）能识读施工图，会利用图纸进行测量放线 2）会根据施工组织设计及施工方案组织现场施工 3）掌握地基基础工程、混凝土结构工程、砌体结构工程、防水工程等施工工艺及施工技术要求 4）熟悉建筑工程施工相关技术规范及施工质量验收规范 5）熟悉项目部对外工作联系函的填写，了解施工签证和索赔的程序	① 与实习单位签订实习协议 ② 能参与编制小型工程的施工组织设计 ③ 掌握各施工阶段的施工技术要点 ④ 掌握质量验收的程序 ⑤ 能将质量验收规范应用于工作中 ⑥ 每个实习点由 2～3 名学生组成实习小组 ⑦ 每个实习点配置 1～2 名实习单位的指导教师 ⑧ 每 10 个实习点配置 1～2 名学校指导教师
2	市政工程项目管理	（1）参与施工组织设计及施工方案编制 （2）参与图纸会审 （3）参与施工现场的施工管理 （4）参与项目部对外工作联系函的拟定，以及施工签证和索赔等工作 （5）能主动学习，能根据现场实际情况，综合各方面影响因素，提出解决方案 （6）具有独立判断和解决问题的能力，能够坚持原则，秉公办事	1）能识读施工图，会利用图纸进行测量放线 2）会根据施工组织设计及施工方案等技术文件组织现场施工 3）理论与实际结合 4）工作态度和责任感的培养	按照实习单位和指导老师要求，完成项目辅助管理工作，能达到工作需要

4.3.2 建设工程资料员岗位的实习内容及要求应符合表 2 的要求。

序号	实习项目	实习内容	实习目标	实习要求
1	建筑工程资料管理	（1）负责项目部日常资料的收集、整理及管理工作 （2）负责施工质量验收资料的收集、整理及管理工作 （3）建筑工程资料管理软件的应用	1）能拟定项目部对外工作联系函 2）能正确划分单位工程验收单元，收集、整理及管理施工质量验收资料 3）会应用建筑工程资料管理软件 4）掌握竣工验收备案资料的收集、整理及管理要求 5）熟悉建筑工程施工质量验收规范	① 与实习单位签订安全、保密协议 ② 收集和整理进场的工程材料、构配件、成品、半成品和设备的质量保证资料，填报相应的报审表 ③ 与施工进度同步，做好隐蔽工程验收记录及检验批质量验收记录的报审 ④ 整理施工试验记录和测试记录、协助整理施工日记 ⑤ 每个实习点由2~3名学生组成实习小组 ⑥ 每个实习点配置1~2名实习单位的指导教师 ⑦ 每10个实习点配置1~2名学校指导教师
2	市政工程资料管理	（1）工程质量、安全、进度、监理等资料的编制与整理知识 （2）工程竣工资料验收文件的编制与整理知识 （3）资料归档、保管、移交 （4）利用计算机及相关软件编制管理施工技术资料	1）能编制与整理工程质量、安全、进度、监理等资料 2）能编制与整理市政工程竣工验收文件 3）能编制资料计划，进行资料归档、保管、移交等管理 4）能应用计算机及相关软件编制与管理施工技术 5）工作态度和责任感的培养	按照实习单位和指导老师要求，完成工程项目资料管理，能达到工作需要

4.3.3 工程招（投）标员岗位实习内容及要求应符合表3的要求。

序号	实习项目	实习内容	实习目标	实习要求
1	建筑工程招（投）标文件编制	（1）参与招标文件的编制 （2）参与投标文件的编制、装订、密封及递交 （3）参与开标会议	1）会编制招标文件 2）会根据招标文件编制、装订、密封及递交投标文件 3）掌握招（投）标的工作流程 4）熟悉招标投标法及其相关法规	① 与实习单位签订安全、保密协议 ② 能参与编制招标文件或投标文件（除技术标和报价文件外） ③ 熟悉开标流程，参与招（投）标工作会议 ④ 认真总结实习过程中的工作经验和教训

序号	实习项目	实习内容	实习目标	实习要求
2	市政工程招（投）标文件编制	（1）参与招标文件的编制 （2）参与投标文件的编制 （3）参与投标文件装订、密封及递交 （4）参与开标会议	1）会编制招标文件 2）会根据招标文件编制、装订、密封及递交投标文件	按照实习单位和指导老师要求，完成投标文件编制，能达到工作需要

4.3.4 市政施工员岗位的实习内容及要求应符合表 4 的要求。

市政施工员岗位的实习内容及要求　　表 4

序号	实习项目	实习内容	实习目标	实习要求
1	施工技术与现场管理	（1）能参与施工组织策划 （2）能参与现场施工技术管理 （3）能协同进行质量、安全与环境管理 （4）能参与施工进度及成本控制 （5）能协同进行工程施工信息及资料管理 （6）能参与建立施工现场信息化管理	1）法律法规知识 2）建设项目管理知识 3）施工技术及管理知识 4）工作态度和责任感的培养	按照实习单位和指导老师要求，完成工程项目资料管理，能达到工作需要

4.3.5 市政预算员岗位的实习内容及要求应符合表 5 的要求。

市政预算员岗位的实习内容及要求　　表 5

序号	实习项目	实习内容	实习目标	实习要求
1	编制市政工程量清单计价文件	（1）熟悉工程所在地的计价定额和费用定额 （2）熟悉工程所在地的人工、材料、机械台班市场单价 （3）熟悉招标文件的编制内容 （4）熟悉建设工程工程量计算规范、市政工程工程量计算规范的内容 （5）熟悉招标工程工程量清单的编制内容 （6）熟悉编制拟建工程招标控制价、投标报价的程序	1）遵守《中华人民共和国招标投标法》《中华人民共和国建筑法》，执行《建设工程工程量清单计价规范》《市政工程工程量计算规范》编制造价文件 2）掌握编制市政工程招标控制价、投标报价的技能 3）掌握人工单价、机械台班单价、材料单价编制方法 4）掌握综合单价编制方法 5）掌握措施项目费计算方法 6）掌握其他项目费计算方法 7）掌握规费和税金计算方法 8）能按照国家保密法要求不泄密有保密要求的图纸资料 9）工作态度和责任感的培养	按照实习单位和指导老师要求，编制工程量清单计价，能达到工作需要

4.3.6 市政合同管理员岗位的实习内容及要求应符合表6的要求。

市政合同管理员岗位的实习内容及要求 表6

序号	实习项目	实习内容	实习目标	实习要求
1	1. 办理工程签证 2. 编制工程索赔报告 3. 编制项目阶段性支付申请 4. 协助编制工程结算	（1）参与投标文件的编制 （2）编制施工现场签证 （3）会编制工程索赔报告 （4）编制项目阶段性支付申请 （5）参与工程结算文件的编制	1）会根据工程实际资料编制现场签证 2）会根据工程实际资料编制工程索赔报告 3）会根据工程实际资料编制工程阶段性支付申请	按照实习单位和指导老师要求，完成投标文件编制，能达到工作需要

4.4 指 导 教 师 配 备

4.4.1 学校指导教师配备。

（1）学校应按每20名实习学生配备1名专职指导教师。

（2）学校指导教师主要负责检查学生在实习期间的实习工作与生活情况。包括做好学生的思想工作、了解学生在实习岗位的收获；解答学生实习中遇到问题；回答学生在生活方面的咨询。

（3）学校指导教师应具有中级职称或者获得国家有关工程管理及工程咨询类执业资格。

4.4.2 企业指导教师配备。

（1）学生到学校与企业建立的校企合作实习基地顶岗实习时，企业应对每2名及以下实习学生指派一名指导教师。

（2）企业指导教师应在相关专业工作岗位上工作3年及以上年限，应具有中级职称或者获得国家工程管理及工程咨询类执业资格。

4.5 实 习 考 核

4.5.1 考核组织

学生在顶岗实习期间，接受学校和企业的双重指导，校企双方要加强对学生实习过程控制和考核，实行以企业为主，学校为辅的考核制度。

4.5.2 评定依据

根据学生提交的相关实习资料情况、毕业实习报告、实习单位指导老师成绩评定、学校实习指导老师成绩评定、辅导员意见等综合评定。

4.5.3 成绩评定

（1）企业指导教师评分：根据学生在业务、纪律等方面的表现予以评定。评定成绩占总成绩50%。

（2）学校实习指导教师评分：根据指导过程了解的具体情况、班主任（辅导员）联系过程掌握的情况、学生实习报告等予以评定。评定成绩占总成绩30％。

（3）校内答辩评分：学校实习指导教师根据学生的答辩情况予以评定。评定成绩占总成绩20％。

4.5.4 考核评价

顶岗实习综合成绩考核分为优秀、良好、中等、及格和不及格五个等次，成绩总体评价不及格者，需重新完成顶岗实习任务、经考核及格后方可毕业。

5 实习组织管理

5.1 一般规定

5.1.1 学校、企业和学生本人应订立三方协议，规范各方权利和义务。

5.1.2 学生实习期间应按国家有关规定购买意外伤害保险，其费用分摊比例根据校企协议确定。

5.1.3 顶岗实习前，学校、顶岗实习基地（单位）应对学生进行以下教育培训：

（1）安全教育。

（2）保密制度教育。

（3）组织纪律教育。

5.1.4 应优先满足用人单位的需求，安排已签约学生到签约单位实习。

5.1.5 顶岗实习应由学校和实习单位共同管理，双方具体的分工管理细则及办法由顶岗实习协议确定。

5.2 各方权利和义务

5.2.1 学校应享有的权利和应履行的义务是：

（1）学校是顶岗实习的组织者，制定本校学生顶岗实习管理办法。

（2）负责与企业、行业联系，拓宽学生顶岗实习和就业岗位渠道。

（3）负责召开顶岗实习动员大会及安全教育，做好宣传动员工作。

（4）与企业合作制订学生顶岗实习规划、程序性文件、各项管理制度及质量评价指标。

（5）建立顶岗实习质量监督管理机制，对实习进展情况进行监督、检查，处理各种突发事件，协调解决实习过程中遇到的重大问题。

（6）组织学生实习成绩的报送和归档。

（7）实习结束后进行实习工作总结。

5.2.2 顶岗实习基地（单位）应享有的权利和应履行的义务是：

（1）企业是学生顶岗实习期间的管理者，企业应安排指导老师负责学生顶岗实习期间的各项工作。

（2）企业应安排指导老师与学校的指导老师一起制定并贯彻落实实习计划，具体落实顶岗实习任务，做好学生的安全教育工作。

（3）负责学生顶岗实习期间的考勤、业务考核、实习鉴定等工作。

5.2.3 顶岗实习学生应享有的权利和应履行的义务是：

（1）毕业实习的学生具有双重身份，既是学生，又是企业顶岗员工，要服从企业和学校对毕业实习的安排和管理，尊重企业的各级领导、实习指导教师和其他员工。自觉遵守企业和学院的规章制度，做到按时作息，不迟到，不早退，不误工，不做损人利己、有损企业形象和学院声誉的事情。

（2）按照毕业实习计划、工作任务和岗位特点，安排好自己的学习、工作和生活，发扬艰苦奋斗的工作作风和谦虚好学的精神，培养独立工作能力，提高工作技能，按时按质完成各项工作任务。

（3）注意饮食卫生及交通、财物、人身安全，增强自我保护意识，切实做好自身安全工作。

（4）认真填写毕业实习日志和实习报告，并要求企业指导教师签字，内容必须具体，并与专业及专业岗位工作紧密联系。

（5）实习期间应经常与学院指导教师保持联系，主动咨询专业问题，遇到特殊情况要及时向指导教师汇报。

5.3 实 习 过 程 管 理

5.3.1 应认真审查学生的顶岗实习申请，并且每周至少与学生联系一次，进行指导。

5.3.2 对学校安排的实习点每周至少巡回检查 2 次以上；对分散实习学生要通过管理系统、电话、函件等进行指导，每周 1 次以上并如实登记。

5.3.2 要切实做好巡回记录，加强同企业指导教师、学生的沟通交流，掌握学生的思想和工作动态，并及时向学校管理部门汇报学生实习情况。鼓励指导老师到学生比较集中的实习点进行现场指导和检查。

5.4 实 习 安 全 管 理

5.4.1 校企双方应共同制定学生实训安全制度，采取相应措施保证学生实训安全，学校应为学生购买意外伤害保险。

5.4.2 组织毕业实习安全动员大会及安全交底会议，并签署"安全协议"。要求学生注意实习期间生产、生活、交通等方面的安全。严格遵守实习单位的劳动纪律、安全纪律及安全规范。严格遵守国家法律法规、遵守社会公共秩序。加强自我保护与防范意识，注意防盗、防骗。遇到突发情况及时与实习单位、所在地派出所等公安机构以及家长、学院老师联系。

5.5 实习经费保障

5.5.1 实习教学经费是指由学校预算安排，属实习教学专项经费，应实行"统一计划、统筹分配、专款专用"的原则。任何单位和个人不得挤占、截留和挪用。

5.5.2 实习教学经费开支范围可包括：校内实习指导教师的交通费、住宿费、补助费，学生意外伤害保险费，实习教学资料费，实习基地的实习教学管理费、参观费、授课酬金等。

5.5.3 鼓励有条件的实习基地向顶岗实习学生支付合理的实习补助。实习补助的标准应当通过签订顶岗实习协议进行约定。不得向学生收取实习押金和实习报酬提成。

本导则用词说明

为了便于在执行本导则条文时区别对待，对要求严格程度不同的用词说明如下：

1. 表示很严格，非这样做不可的用词：

正面词采用"必须"；

反面词采用"严禁"。

2. 表示严格，在正常情况下均应这样做的用词：

正面词采用"应"；

反面词采用"不应"或"不得"。

3. 表示允许稍有选择，在条件许可时首先应这样做的用词：

正面词采用"宜"或"可"；

反面词采用"不宜"。